Der etwas andere Kopf- und Gesichtsschmerz

Craniomandibuläre Dysfunktionen CMD

Die Deutsche Bibliothek - CIP Einheitsaufnahme

Kares, Horst:
Craniomandibuläre Dysfunktionen: der etwas andere Kopf- und Gesichtsschmerz / Horst Kares ; Hans Schindler ; Rainer Schöttl : Schlütersche, 2001
ISBN 3-87706-665-8

AUTOREN:

Horst Kares, Grumbachtalweg 9, 66121 Saarbrücken

Hans Schindler, Hirschstraße 105, 76137 Karlsruhe

Rainer Schöttl, DDS, Schuhstraße 35, 91052 Erlangen

Lektorat: Renate Warttmann
Umschlag: Kreher Design
Grafiken: Christian Czech, Martina Nauert
Druck: GreiserDruck, Rastatt

Printed in Germany 2001

Horst Kares · Hans Schindler · Rainer Schöttl

Der etwas andere Kopf- und Gesichtsschmerz

Craniomandibuläre Dysfunktionen CMD

Herausgeber:

International College
Of Cranio-Mandibular Orthopedics
– Sektion Deutschland –
(ICCMO- Deutschland)

schlütersche

Inhalt

Vorwort

Dieses Buch wendet sich in erster Linie an Patienten, die unter sogenannten "Craniomandibulären Dysfunktionen" leiden. Ähnlich kompliziert wie der Begriff, der für diese Erkrankung steht, ist die Krankheit selbst. Sie fasst eine Vielzahl klinischer Beschwerden der Kiefermuskulatur und der Kiefergelenke einschließlich der mit ihnen verbundenen Gewebe zusammen. Die häufigsten Symptome in diesem Zusammenhang sind Schmerzen in der Mundregion, im Gesicht, im Kopf oder im Nacken. Erstaunlicherweise findet sich in der enormen Informationsflut über Kopfschmerzen selten ein Hinweis auf diese besondere Form des Kopf- und Gesichtschmerzes, die im Folgenden der Einfachheit halber als CMD bezeichnet werden soll.

CMD OFT UNTERSCHÄTZT, selten Hinweise über Zusammenhänge von CMD und Kopfschmerzen

Das vorliegende Buch hat sich das ehrgeizige Ziel gesteckt, diese Informationslücke unter einigen wesentlichen Aspekten zu schließen. Zum Ersten und Wichtigsten soll es Patienten, die unter CMD leiden, ein tiefergehendes Verständnis für ihre Erkrankung vermitteln und somit erster Schritt zur Selbsthilfe sein. Zum Zweiten wendet es sich an nicht zahnärztliche Behandler, die mit diesem Krankheitsbild weniger vertraut sind, um so eine kollegiale Zusammenarbeit zu erleichtern. Darüber hinaus möchte die Publikation einen Leitfaden zur zeitgemäßen Betreuung von Patienten mit CMD an die Hand geben.

Verwandten, Freunden oder Bekannten Betroffener kann dieses Buch ebenfalls sehr hilfreich sein, im Besonderen bei chronischen Verlaufsformen der Erkrankung, da Patienten in solchen Fällen oft unter erheblichen psychosozialen Beeinträchtigungen leiden. Das Verständnis für diesen Sachverhalt vermeidet, dass die Betroffenen voreilig in eine psychiatrische Ebene eingeordnet werden oder, noch schlimmer, als Simulanten abgetan werden.

Ein kleiner Anhang versucht schließlich, dem Interessierten weiterführende Informationen über besondere fachliche Aspekte zu vermitteln.

Die Autoren haben sich bemüht, den Stoff möglichst verständlich aufzuarbeiten. Themen wie diese bringen es jedoch mit sich, dass eine Reihe von Fachwörtern benutzt werden müssen, die nicht im laufenden Text erklärt werden können. Daher wurde ein ausführlicher Glossar angefügt.

ICCMO, International College of Cranio-Mandibular Orthopedics

Herausgeber dieses Buches ist das International College of Cranio-Mandibular Orthopedics – Sektion Deutschland e.V.- (ICCMO-Deutschland), einem Zusammenschluss von Therapeuten, die es sich zur vorrangigen Aufgabe gemacht haben, Patienten mit CMD zu behandeln. Die vorliegende Publikation soll den Mitgliedern eine Empfehlung an die Hand geben, mit der die klinischen Diagnose- und Behandlungsmaßnahmen zeitgemäß standardisiert werden können. Diese Möglichkeit gab es bislang nicht. Dabei wurden alle wesentlichen Verfahren erwähnt, die nach aktuellem Wissensstand der Autoren bei CMD erfolgversprechend Anwendung finden können. Besonders berücksichtigt wurde dabei eine biopsychosoziale Sichtweise dieses Krankheitsbildes, die oft eine interdisziplinäre Zusammenarbeit mit anderen Therapeuten notwendig macht.

Dieses Buch zu veröffentlichen wäre ohne die tatkräftige Unterstützung aller ICCMO-Mitglieder nicht möglich gewesen. Stellvertretend wollen wir uns besonders bei unseren Kollegen und Freunden Christian Czech, Andreas Klug, Dirk Leiner, Brigitte Losert-Bruggner, Hartwig Messinger und Theo Saxer für die fruchtbaren Impulse, die sie zu diesem Projekt beigesteuert haben, bedanken.

Ein aktuelles Mitgliederverzeichnis ICCMO-Deutschland finden Sie im Internet unter **www.iccmo.de** oder kann im ICCMO-Sekretariat angefordert werden, Dr. Hartwig Messinger, Sterkrader Str. 271, 46539 Dinslaken oder über Email: **sekretariat@iccmo.de**

Saarbrücken, im September 2001

Horst Kares, Hans Schindler, Rainer Schöttl

Einführung

CHRONISCHE SCHMERZEN, ein typisches Merkmal in der heutigen Gesellschaft

Chronische Schmerzen scheinen ein typisches Merkmal unserer modernen Zivilisation geworden zu sein. Unzählige Menschen leiden an anhaltenden oder häufig wiederkehrenden Kopfschmerzen, Rückenschmerzen oder anderen schmerzhaften Beeinträchtigungen. Während in früheren Zeiten eine Erkrankung meist kurz und heftig war und der Patient entweder gesund wurde oder starb, wird heute dank unseren medizinischen Errungenschaften fast jedem akut Erkrankten wirksam geholfen.

Manchmal ist die Genesung allerdings nur vordergründig, die Erkrankung nur scheinbar überwunden, weil sie sich nach und nach in eine chronisch schmerzhafte Beeinträchtigung verwandelt. Solche Verläufe sind häufig auch bei den Erkrankungen des Bewegungsapparates zu finden. So können zwar Schmerzen, die durch Unfälle oder andere akute Verletzungen verursacht sind, meist erfolgreich behandelt werden, aber nicht selten kommt es in der Folge zu chronischen Schmerzzuständen im muskuloskelettalen System.

Ebenfalls ein typisches Merkmal unserer heutigen Gesellschaft ist die chronische psychische Anspannung, bedingt durch berufliche, familiäre oder andere soziale Faktoren. Von solchem Stress sind nicht nur der Magen oder das “Nervenkostüm”, besonders betroffen, nein, auch die Zähne sind ein allgemein bekanntes “Hilfsmittel”, um angestaute Anspannung mit Hilfe der Kaumuskulatur abzuarbeiten. Eigentlich haben die Menschen schon immer unter Stress gelitten, ja, man sollte meinen, dass sie ihn bei ihrem Überlebenskampf in früheren Zeiten noch erheblich mehr als wir heute zu erdulden hatten. Allerdings fanden sie auch ausreichend körperlichen Ausgleich und konnten damit den Stress durch harte tägliche Arbeit auch besser wieder abbauen.

Der Mangel an Bewegung und körperlichem Training ist somit ebenso ein großes gesundheitliches Problem unserer Zeit wie die ungenügende Stressbewältigung. Der durchschnittliche Erwachsene braucht heute in der Regel im Beruf oder im Haushalt nahezu keine

CMD,
oft spät oder überhaupt nicht erkannt

körperlich trainierenden Tätigkeiten mehr auszuüben und kann sich bei schweren Arbeiten fast völlig auf Maschinen verlassen. Hinzu kommt, dass unsere Ernährungsgewohnheiten diesen Bedingungen nicht Rechnung tragen. Durch unausgewogene oder zu reichliche Nahrungsaufnahme kommt es häufig zu zusätzlichen Belastungen des Körpers im besonderen auch des Bewegungsapparates (Übergewicht, Herz-Kreislauf-Erkrankungen).

Im Mundbereich kommt hinzu, dass hier ohnehin ein hoher Therapiebedarf besteht, teils durch Kieferfehlwachstum, Karies oder Erkrankungen des Zahnhalteapparates bedingt. Therapeutische Maßnahmen wie Kieferregulierungen, Füllungen oder Zahnersatz entwickeln sich so zu einer immer größer werdenden Beanspruchung der natürlichen Anpassungsfähigkeit der beteiligten Gewebe in der gesamten Kopfregion.

Diese Vielzahl von Risikofaktoren kann nun dazu führen, dass im Zusammenspiel der weichen und festen Strukturen der Kopfregion ein immer größeres Ungleichgewicht auftritt. Die Muskulatur verspannt sich und wird schmerzhaft, die Zähne werden empfindlich oder nutzen sich übermäßig ab, die Kiefergelenke beginnen zu knacken oder schmerzen bei der Bewegung.

Erkrankungen im Kiefer- und Gesichtsbereich, die auf der Basis der oben beschriebenen Risikofaktoren entstehen, werden unter dem Krankheitsbild der sogenannten Craniomandibulären Dysfunktion (CMD) zusammengefasst. Dieses Krankheitsbild umfasst alle schmerzhaften und nicht schmerzhaften Zustände, die auf strukturelle, biochemische und psychische Fehlregulation der Muskel-, Kiefer- und/oder Kiefergelenkfunktion zurückzuführen sind. Häufig auftretende Symptome dieser Erkrankung sind zum Beispiel Kaumuskelschmerzen, Kiefergelenksschmerzen, Kopfschmerzen, Kiefergelenkgeräusche, aber auch Schmerzen in nicht primär betroffenen Strukturen, wie etwa im Nacken (eine vollständigere Aufzählung finden Sie in der Symptomliste im Anhang S. 87).

Die Craniomandibuläre Dysfunktion als Ursache von Schmerzen im Kiefer- und Gesichtsbereich wird durch einen in der breiten Öffentlichkeit als auch in Fachkreisen vorhandenen Informationsmangel oft spät oder überhaupt nicht erkannt. Dies führt in vielen

Fällen zu einer Chronifizierung des Schmerzgeschehens, das dann therapeutisch nur noch sehr schwer zu beherrschen ist. Dieser Ratgeber soll Ihnen die möglichen Zusammenhänge zwischen Kopf- und Gesichtsschmerzen und den geschilderten Risikofaktoren erläutern. Sie können beim Lesen nur die Kapitel nachschlagen, die für Ihre speziellen Beschwerden relevant sind, und müssen nicht unbedingt alles durcharbeiten. Am Ende dieser Information finden Sie ein Register mit allen wichtigen Stichwörtern und Seitenangaben sowie einen Glossar mit Erläuterungen.

Die Craniomandibuläre Dysfunktion ist in ihrer schweren chronischen Verlaufsform eine Erkrankung, die eine fachübergreifende Zusammenarbeit mit anderen medizinischen Disziplinen bis hin zur Verhaltenstherapie (psychologische Schmerztherapie) notwendig machen kann. Die Mitarbeit des Patienten und seine Einsicht in die Zusammenhänge seiner Erkrankung – insbesondere bei chronischem Schmerzgeschehen – sind aber letztendlich entscheidend für das Behandlungsergebnis.

Die Craniomandibuläre Dysfunktion CMD, eine weit verbreitete Erkrankung

Der Begriff Craniomandibuläre Dysfunktion kommt von "Cranium" (Schädel), "Mandibula"(Unterkiefer) und "Dysfunktion"(Fehlfunktion). Es geht hier also um eine Fehlfunktion im Zusammenspiel von Oberkiefer und Unterkiefer, bedingt durch Störungen in der Funktion der Zähne, der Kiefergelenke und der Kiefermuskulatur. Eine Form dieser Fehlfunktionen zeigt sich auch für den Laien deutlich erkennbar in der abnorm erhöhten Beanspruchung der Kaumuskulatur, zum Beispiel beim sogenannten Knirschen.

Schon zu Zeiten Friedrichs des Großen, im 18. Jahrhundert, beschreibt Philipp Pfaff, der königliche Hofzahnarzt, dass "manche Menschen mit den Muskeln ihrer Kinnbacken und der Festigkeit ihrer Zähne ich weiß nicht was für Taten verrichten können. Da kann es nicht fehlen, es müssen bei diesen gewaltsamen Übungen die Zähne theils abgenutzet, theils heftig in ihrem Sitze erschüttert werden".

CMD, u.a. als Costen-Syndrom oder Myoarthropathie bekannt

Wechselwirkungen zwischen Funktionsstörungen im Kiefer- und dem Ohrenbereich wurden zum ersten Mal Anfang des 20. Jahrhunderts durch einen amerikanischen Hals-Nasen-Ohren-Arzt beschrieben. Danach bürgerte sich der Begriff "Costen-Syndrom" ein. Costen hatte festgestellt, dass zahlreiche Ohrsymptome eigentlich nichts mit seinem Fachbereich, also den Ohren, zu tun hatten, sondern durch Fehlfunktionen der Kiefergelenke und der Zähne verursacht wurden.

In weiten Kreisen der Allgemeinmedizin bezeichnet man die CMD immer noch mit diesem Begriff, gelegentlich sogar dann, wenn gar keine Ohrsymptomatik im Vordergrund steht. Im deutschen Sprachraum gibt es darüber hinaus Bezeichnungen wie Myoarthropathie (MAP), Kiefergelenkserkrankungen, Oromandibuläre Dysfunktion, Kiefergelenks-Schmerz-Dysfunktionssyndrom, Myofasziales Schmerzsyndrom. Im englischen Sprachraum sind Begriffe wie Temporomandibular Disorders (TMD), TMJ-Disorders, TMJ-Pain, Orofacial-Pain bekannt. International zeichnet sich aber in letzter Zeit eine Einigung auf den Begriff Craniomandibular Disorders (CMD), zu deutsch Craniomandibuläre Dysfunktion ab.

Wegen des oft unspezifischen klinischen Erscheinungsbildes wurde die CMD in den USA in einer Broschüre auch einmal “The big imposter” genannt, der große Betrüger. Denn nicht selten äußert sie sich durch irreführende Symptome, die dann auch allzuoft nur symptomatisch behandelt werden, wie mit Schmerzmitteln gegen Kopfschmerzen, während die eigentliche Ursache unerkannt bleibt. Vordergründig ist die Krankheit dann vermeintlich beseitigt, in Wirklichkeit entwickelt sie sich unbemerkt weiter und kann zu einem späterem Zeitpunkt um so heftiger wieder ausbrechen.

CMD, allzu oft nur symptomatisch behandelt

Im folgenden wollen wir Patienten, Angehörigen, Co-Therapeuten und Zahnärzten Informationen an die Hand geben, diese Erkrankung möglichst früh zu erkennen, um so die Chancen für eine Heilung am günstigsten zu gestalten.

Symptome

Die Symptome, die durch diese Erkrankung hervorgerufen werden können, sind so vielfältig, dass man CMD auch als "Chamäleon" bezeichnen kann, das sich hervorragend hinter einer Vielzahl unspezifischer Symptome versteckt.

Heute international anerkannte Kriterien für das Vorliegen einer Craniomandibulären Dysfunktion sind in den RDC/TMD (Research Diagnostic Criteria for Temporomandibular Disorders) dargelegt (siehe Anhang S. 94, RDC).

Die Liste von Symptomen und klinischen Hinweisen, die erfahrungsgemäß mit CMD in Verbindung gebracht werden können, ist relativ lang. Man kann sie in die folgenden Gruppen unterteilen:

CMD, versteckt hinter einer Vielzahl von Symptomen

ZÄHNE

Die Zähne weisen die härteste Struktur im menschlichen Körper auf, den Zahnschmelz. Aber auch der Bewegungsapparat der Kiefer ist im Körper einzigartig, denn nur hier gibt es ein Bewegungssystem, das zur Optimierung seiner Funktion einen exakten geometrischen Zielpunkt, die so genannte "maximale Verzahnung" aufweist, in dem sich Hartgewebe, also die Zähne, präzise ineinanderfügen müssen. Diese Zahnkontakte werden aber bei gesunder Funktion nur für recht kurze Zeit (etwa 20 Minuten pro Tag) hergestellt.

Ein wichtiger Auslöser für die CMD können die sogenannte Parafunktionen sein, bei denen Zahnkontakte oft auf mehrere Stunden pro Tag ausgedehnt werden und dies häufig in sehr kraftvoller Weise. Man unterscheidet dabei zwischen dem "Zähnepressen", bei dem die Zahnreihen über längere Zeiträume hinweg mit oft außerordentlich großer Kraft krampfartig aufeinandergepresst werden, und dem "Zähneknirschen", bei dem die Zähne ebenfalls über längere Zeiträume kraftvoll aufeinander gerieben werden. Diese Aktivitäten geschehen in der Regel unbewusst und fallen den Betroffenen häufig erst auf, wenn sie von Außenstehenden darauf aufmerksam gemacht werden.

Bei Untersuchungen an Tieren, die unter Stress gesetzt wurden, hat man festgestellt, dass sie in einer solchen Testsituation, bezogen auf muskuläre Reaktionen, zuerst die Augen-, Kau- und Nackenmuskulatur anspannen. Dies scheint offensichtlich eine vollkommen natürliche Reaktion auf Stress-Situationen zu sein. Danach löst sich beim Tier die Anspannung in Angriffs- oder Fluchtverhalten und findet dadurch ein motorisches "Ventil". In der heutigen Zeit stehen viele von uns aus Zeit- und Geldmangel, Ehrgeiz oder Aufstiegsstreben unter anhaltendem Druck. Leider sind wir aber meistens nicht,

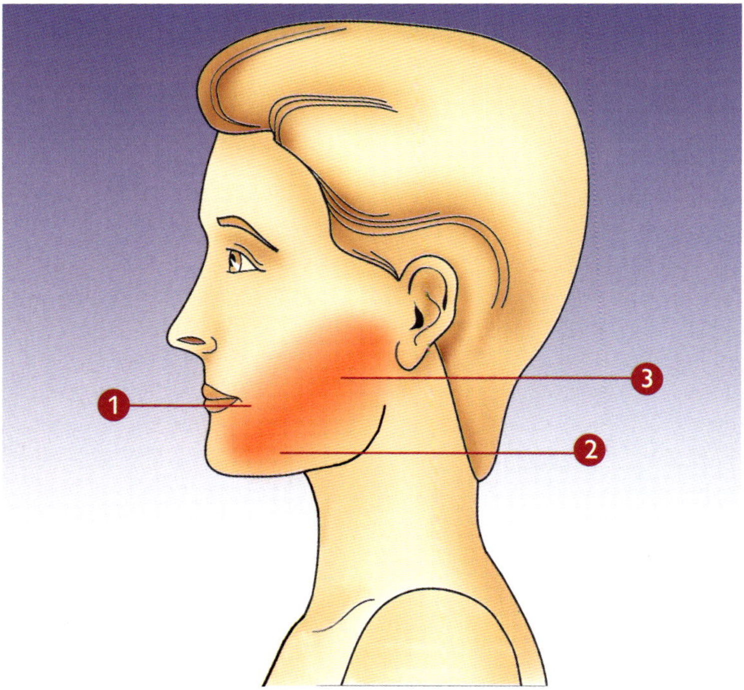

ABB. 1:
Mit CMD in Verbindung gebrachte Schmerzen und Befunde im Bereich von Zähnen 1 Kiefer 2 und Muskeln 3

wie die Tiere, in der Lage, uns aus diesen Zwängen zu befreien und die motorische Spannung, die durch den psychischen Stress aufgebaut wurde, auf körperlicher Ebene durch sportliche oder andere Aktivitäten abzubauen.

Parafunktionen, Knirschen und Pressen führt zu Zahnschäden

In diesem Zusammenhang scheinen die Parafunktionen oft bei entsprechend veranlagten Personengruppen (denn nicht alle Menschen, die unter Stress stehen, knirschen oder pressen) eine unbewusste motorische "Ersatzfunktion" zu übernehmen. Parafunktionen treten häufig gerade dann auf, wenn die Aufmerksamkeit eigentlich auf etwas anderes gerichtet ist, wie zum Beispiel bei konzentriertem Lernen. Press- und Knirschaktivitäten sind aber auch häufig während des Schlafes zu beobachten. Darüber hinaus ist bekannt, dass bei Patienten, die zu solchen Parafunktionen veranlagt sind, geringfügige Störungen im Zusammenbiss oder Veränderungen der Kieferlage die Parafunktionen auslösen oder verstärken können.

Die Folge von Parafunktionen kann nun nicht nur sein, dass Zahnsubstanz viel zu früh abgenutzt wird, sondern es kommt auch zu Überlastungen und Schmerzen in den Zähnen. An diese Zusammenhänge (Differentialdiagnose CMD) ist also vor allem auch bei unklarem Zahnschmerz zu denken. Der "Beiß-Stress" führt in vielen Fällen dazu, dass Zähne kälte- und wärmeempfindlich werden können, weil die Zahnpulpa (Zahnnerv) regelrecht traumatisiert wird und mit entsprechenden Entzündungen reagiert. Auch kann, nachdem der schützende Zahnschmelz abgerieben wurde, das oft empfindliche Dentin (Zahnbein) freigelegt werden und jetzt bei Berührung oder Einwirkung von Säuren Schmerzen verursachen.

Vor allem durch horizontal gerichtete Kräfte und dadurch verursachte Biegespannungen bilden sich oft tiefe Rillen in den Zähnen, und die Zahnhälse werden empfindlich. Diese sogenannten keilförmigen Defekte werden dann durch die Zahnbürste immer tiefer ausgewaschen und können damit auch die Zahnpulpa gefährden. An diesen Stellen zieht sich häufig das Zahnfleisch zurück (Gingivarezessionen). Gründe hierfür werden zum einen in der Verletzung des Zahnfleisches durch die Zahnbürste an den Kanten der keilförmigen Defekte gesehen; zum andern nimmt man an, dass durch die Defekte Nischen entstehen, in denen sich Bakterien relativ ungestört

PARA-FUNKTIONEN, ausgelöst durch Stress und/oder Bissprobleme

vermehren können, die dann sekundär durch entzündliche Reaktionen den Zahnfleischschwund auslösen.

Psychischer Stress ist allerdings nicht der einzige Grund für die Parafunktionen: Wenn ein Zahn schief steht oder eine neue Füllung oder Krone zu hoch geraten ist, hat man das Gefühl, dass der Zahn stört. Da dieser Zahn nicht in das "Beißgefühl" hineinpasst, entsteht das Verlangen, auf dieser Störung zu reiben und sie abzuwetzen. Nicht nur dieser Zahn wird aber dann überlastet; auch andere Zähne können abradiert und die gesamte Kaufunktion dadurch beeinträchtigt werden. Die Muskulatur kann auf diese Weise ebenfalls überlastet werden und fängt unter Umständen an zu schmerzen.

Parafunktionen führen in vielen Fällen aber nicht nur zu Abrieb an den betroffenen Zähnen (Zahnabrasionen); auch Zahnlockerungen oder Zahnwanderungen können die Folge sein. Das Kräftegleichgewicht im Mund wird durch diese Veränderungen gestört, und das gesamte Gebiss kann sich verformen. Besonders gut ist das an den Schneidezähnen zu beobachten. Hält der Zahnhalteapparat den Belastungen stand, kommt es zu deutlichen Abrasionen, zum Verlust von Zahnhartsubstanz. Wenn dagegen der Zahnhalteapparat im Oberkiefer nachgibt, werden die Schneidezähne insgesamt in ihrer Stellung verändert, es bilden sich Lücken, oder die Zähne nehmen eine aufgefächerte Stellung ein. Gibt der Zahnhalteapparat dagegen im Unterkiefer nach, dann schieben sich die Schneidezähne übereinander, und man spricht dann auch vom Eng- oder Schachtelstand.

KIEFER

Durch die oben beschriebenen Fehlfunktionen zwischen den Zahnreihen ausgelöst, können Gesichts- und Kieferschmerzen auftreten. Meist stammen diese Schmerzen nicht wirklich aus dem Kiefer selbst, sondern aus seiner Bewegungsmuskulatur, die im Abschnitt "Anatomie des Kauapparates und der Kopfregion", S. 41, beschrieben ist. Man bemerkt dann zum Beispiel Spannungsgefühle im Kiefer- und Gesichtsbereich, häufig morgens beim Aufwachen. Das ist verständlich; wer stundenlang in der Nacht mit den Zähnen "arbeitet", merkt dies am nächsten Tag oft deutlich in seinen Muskeln, vor allem natürlich beim Kauen (Kaubeschwerden). Die Muskelverspannung kann so zunehmen, dass man die Zähne nicht mehr richtig auseinanderbekommt oder dass sich sogar eine regelrechte Kieferklemme entwickelt. Dabei fällt es auf, dass wir auch nach größerer Anstrengung der Kiefermuskulatur hier keinen "Muskelkater" in dem Sinne kennen wie in den Beinen oder im Rücken. Eine chronisch überlastete Kaumuskulatur neigt statt dessen zu ziehenden und drückenden Schmerzen, nicht selten auch zu übertragenen Schmerzen, die vom Patienten im Kiefer, im Kopf oder gar in den Zähnen wahrgenommen werden und eine korrekte Diagnose erschweren.

BISS

Mitunter stellt sich bei Patienten auch das Gefühl ein, dass die Zähne nicht mehr richtig aufeinanderpassen (unklare Bisslage). Der Biss scheint trotz aller zahnärztlicher Korrekturbemühung nicht mehr gleichmäßig auf beiden Seiten zu sein, oder es kommt zu vermeintlichen, häufig wechselnden, störenden Kontakten in der Zahnreihe. Diese Wahrnehmung von kleinsten räumlichen Veränderungen in der Zahnreihe können auf zwei sehr unterschiedliche Ursachen zurückgeführt werden.

UNKLARE BISSLAGE, mögliche Ursache für erhöhten Muskeltonus

Die erste und plausibelste kann sein, dass tatsächlich minimale Stellungsänderungen der Zähne oder der Kiefer zueinander diese Beschwerden verursachen. Diese Veränderungen können zum Beispiel durch Parafunktionen, Kopffehlhaltungen, einen erhöhten Muskeltonus oder nicht genügend angepassten Zahnersatz (Prothese, Kronen, Brücken, Füllungen) hervorgerufen werden. In diesem Falle wäre die gestörte oder ungenügende biomechanische Präzision des Systems der Auslöser für die Beschwerden.

Diese Erklärung legt natürlich nahe, dass die Beschwerden durch die fachgerechte Beseitigung dieser Störquellen zu beheben sind. Aber ganz so einfach ist die Lösung dabei leider nicht, weil im Kausystem von Natur aus keine "feinmechanische Punktpräzision" zu finden ist. So kann man zum Beispiel Zähne natürlicherweise bei mittleren Kaubelastungen etwa 1/20 mm in den Kiefer hineindrücken oder ca. 1/10 mm in horizontaler Richtung auslenken. Sie behalten diese Positionsänderungen oft auch über geraume Zeit bei. Die Kieferspange selbst wird dabei ebenfalls in diesen Größenordnungen verformt.

Selbstverständlich ist in einem solchermaßen "beweglichen" System nicht so ohne weiteres "eine" richtige Kiefer- oder Zahnposition zu finden, sondern allerhöchstens ein physiologischer Bereich. Dieser Sachverhalt legt somit auch zwangsläufig die technischen Grenzen therapeutischer Bemühungen zur Beseitigung solch minimaler Störfaktoren fest.

Fixierung auf gestörtes Beissgefühl, ausgelöst durch übersteigerte Körperwahrnehmung (Hypervigilanz)

Hier schließt sich auch gleich die vermutete zweite Ursache für das gestörte "Beissgefühl" an. Offensichtlich bereitet dem Gesunden eine solch "begrenzte Präzision" keinerlei Probleme. Prüft man bei sich selbst zum Beispiel in verschiedenen Körperhaltungen die Präzision des Zusammenbisses, stellt man aufgrund des enorm hohen Auflösungsvermögens der "Sensoren" in Muskeln, Zähnen und Kiefergelenken (im Bereich von 1/100 mm) zwar deutliche Unterschiede im "Biss" fest, aber diese Wahrnehmung wird, sobald sich unsere Aufmerksamkeit vom Gebiss löst, sofort wieder "vergessen". Dies schützt uns, wie man annimmt, vor einer Überflutung des Gehirns mit aktuell unwichtigen Datenmengen. Wenn die Aufmerksamkeit jedoch auf diese Empfindung fixiert bleibt, scheint dies den Betroffenen zum ständigen "Überprüfen" und damit Wahrnehmen der vermeintlichen Störfaktoren zu veranlassen (man kennt dies in ähnlicher Form als Verletzungen der Zunge beim unablässigen "Testen" von scharfen Zahnkanten oder im bis zur Selbstverletzung führenden Ertasten und Beseitigen von störender Nagelhaut oder Fingernägeln). Als Folgen einer solchen Überaktivierung des Kausystems können sich vor allem Muskel- und Gelenkschmerzen einstellen. Auslöser für solche "Fixierungen" vermutet man im Schmerzgeschehen selbst. Im Zusammenhang mit chronischen Schmerzen (siehe: CMD u. Schmerz, S. 58) soll es nämlich neben der "Sensibilisierung" von den Schmerz verarbeitenden Nervenzellen auch zu einer Sensibilisierung von solchen Nervenzellen kommen, die für die Körperwahrnehmung zuständig sind (Hypervigilanz).

Diese beiden vermuteten Ursachenkomplexe sind natürlich in jeder Kombination mit unterschiedlicher Dominanz denkbar. Einigkeit besteht darüber, dass dieses Krankheitsbild nur sehr schwer zu behandeln ist und oft zusätzlich der Hilfe eines Verhaltenstherapeuten bedarf.

KIEFERGELENKE

Strukturelle und/oder funktionelle Störungen der Kiefergelenke werden für mehrere schmerzhafte und nicht schmerzhafte Symptome in diesen Gelenken verantwortlich gemacht. So nimmt man an, dass zum Beispiel die Arthrose eine wesentliche Voraussetzung für das Entstehen von Kiefergelenkschmerzen ist.

ARTHROSE DER KIEFERGELENKE, u.a. ausgelöst durch Überlastungen

Die Arthrose des Kiefergelenks stellt sich wahrscheinlich ein, wenn das Gelenk zum Beispiel durch lang anhaltende unphysiologische Belastungen, wie permanent erhöhten Muskeltonus, Parafunktionen, einseitiges Kauen, Verlust der richtigen Bisshöhe nach Zahnextraktionen oder durch Abrieb der Zahnprothesen, über Gebühr belastet wird. Als Konsequenz können im Bereich um die Kiefergelenke Schmerzen auftreten, die durch eine zusätzliche Entzündung der Gelenkkapsel und/oder der Weichteilzone im hinteren Gelenkbereich (bilaminäre Zone) verursacht werden. Ausgelöst werden Entzündungen meist durch übermäßigen Gewebezerfall und die dabei freigesetzten Stoffe, die ihre entzündungs- und schmerzauslösende Wirkung entfalten (Cytokine, Prostaglandine, Bradykinine unter anderen). Diese Entzündungen wiederum können darüber hinaus lokale Verklebungen in den Gelenkspalten (Adhäsionen) verursachen und dadurch die Beweglichkeit des betroffenen Gelenks deutlich einschränken.

Eine dauerhafte Veränderung der Druckverhältnisse im Kiefergelenk kann aber auch zu einer veränderten Aktivität der Knorpel- und Knochenzellen führen, wodurch sich im Laufe der Zeit die Form des Kiefergelenks verändern kann (Remodelling). Solche Formveränderungen sind auf entsprechenden Röntgenaufnahmen zu erkennen, aber sie müssen nicht mit Schmerzen einhergehen. Aber ein solch deformiertes Kiefergelenk kann die Harmonie beim Zusammenspiel von Muskeln, Zähnen und Gelenken beeinflussen, ebenso wie die Präzision oder Charakteristik, mit welcher der Kiefer bewegt wird.

Eine weitere strukturelle Veränderung des Kiefergelenks zeigt sich in der Verlagerung der Gelenkscheibe (Diskusverlagerung)

relativ zu ihrer natürlichen Lage. Auch für diese Veränderung nimmt man ähnliche Ursachen an, wie sie bei der Entstehung der Arthrose vermutet werden. Es kann dabei auch zu regelrechten Perforationen der Gelenkscheibe kommen, weil es durch diese Verlagerungen zur Belastung von anderen, für die Aufnahme von Druckspannungen weniger geeigneten Gewebeabschnitten der Gelenkscheibe (bilaminäre Zone) kommt, die dann unter der ungewohnten Beanspruchung verschleißen. Im Zusammenhang mit den Diskusverlagerungen kommt es auch oft bei Öffnungs- und Schließbewegungen zu

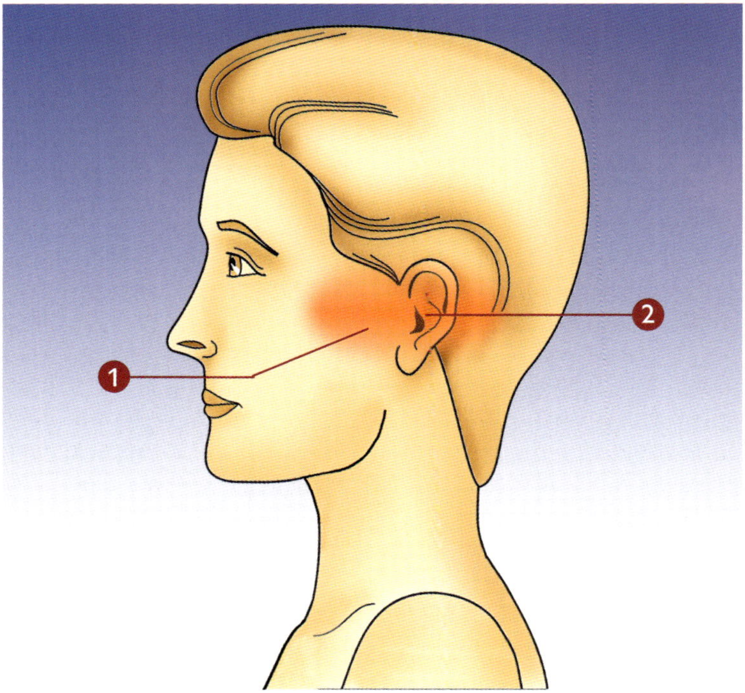

ABB. 2:
Mit CMD in Verbindung gebrachte Schmerzen und Befunde im Bereich der Kiefergelenke 1 und Ohren 2

den bekannten Kiefergelenksgeräuschen wie dem Knacken, Knirschen oder Reiben. Diese Zeichen (ohne Schmerzen) werden allerdings heute als nur bedingt behandlungsbedürftige Veränderungen betrachtet. Beobachtungen über viele Jahre haben ergeben, dass sich nur in wenigen Fällen zu diesen Geräuschen weitere Beeinträchtigungen (zum Beispiel Schmerzen in Muskulatur oder Kiefergelenken) hinzugesellen. Das Knacken kann sogar sehr laut hörbar sein, insbesondere beim Essen. Deshalb wünschen sich Betroffene ab und an dringend eine Verbesserung dieses Zustandes. Therapieformen, welche die Geräusche beseitigen oder lindern können, stehen zur Verfügung, sind allerdings mit relativ hohen Kosten verbunden. Unbedingt zu erwähnen ist an dieser Stelle, dass es auch mehrere Knackphänomenen gibt, die völlig andere Ursachen haben als die oben beschriebenen (siehe Anhang S. 94, Knacken der Kiefergelenke).

OHREN

Durch die enge Verbindung der Kiefergelenke zu den Ohren werden auch Zusammenhänge zwischen Kiefergelenksbeschwerden und dem Mittelohr vermutet. Man nimmt an, dass eine verminderte Sauerstoffversorgung in den Gelenken und ihrer nahen Umgebung auch die Versorgung des Innenohres derart beeinträchtigt, dass Symptome wie Schwindel oder Ohrgeräusche (Tinnitus) auftreten können. In Frage kommen anhaltende Tonuserhöhungen in gelenknahen Muskeln. Außerdem werden Zusammenhänge mit einer Einengung des hinteren Gelenkraumes (Gelenkkompression) vermutet, wie sie zum Beispiel beim Absinken des Bisses (siehe Kapitel S. 46, Klinische Aspekte / Risikofaktoren) eintreten kann. Übrigens hat auch schon Costen solche Wechselwirkungen vermutet.

SCHWINDEL UND TINNITUS, Zusammenhänge mit CMD vermutet

Ein anderes Wechselspiel wird zwischen den Ohren und dem Nacken angenommen. Manchmal reagieren nämlich Ohrgeräusche deutlich auf Verspannungen im Nacken oder auf bestimmte Kopfhaltungen. Hier kann es eine weitere Querverbindung zur Okklusion der Zähne geben, denn auch hier werden reflektorische Wechselspiele angenommen, über die bestimmte Veränderungen der Bisslage zu entsprechenden Veränderungen der Kopfhaltung führen können. Ebenfalls von Interesse ist, dass eine aus der Embryonalentwicklung bekannte Bandstruktur (discomalleoläres Ligament), welche die Gelenkscheibe und Gehörknöchelchen miteinander verbindet, auch vereinzelt bei Erwachsenen zu finden ist. Dies macht es wahrscheinlich, dass sich unphysiologische Spannungszustände im Gelenk auch als “geräuschverursachende Schwingungen” dem Mittelohr übertragen können.

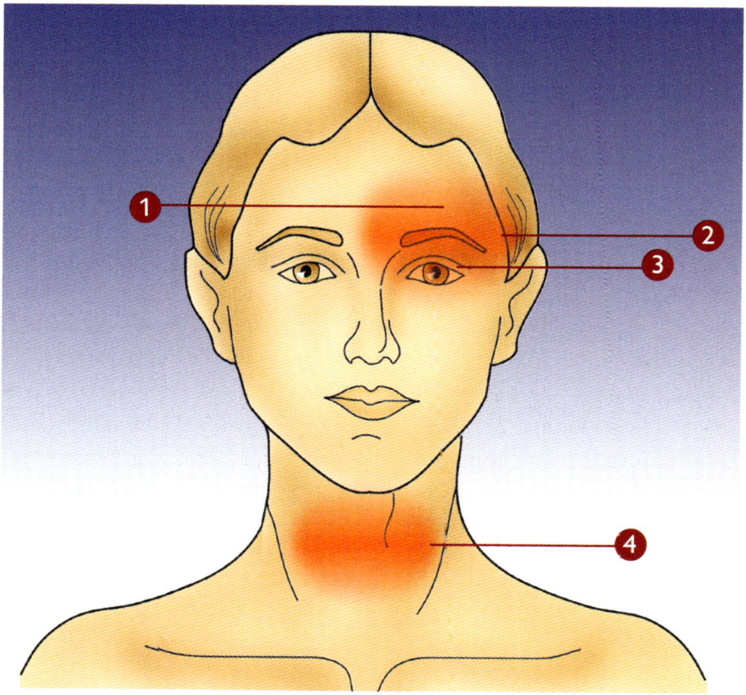

ABB. 3:
Mit CMD in Verbindung gebrachte Schmerzen und Befunde im Bereich von Stirn ❶, Schläfen ❷, Augen ❸ und Halsregion ❹

Weiterhin kann eine entzündete Gelenkkapsel auch Mittelohrschmerzen vortäuschen oder durch Schwellung der hinteren Gelenkgewebe sogar die Belüftung des Gehörganges beeinflussen. Dies kann zu vermehrter Talgablagerung bis hin zu einem entzündeten und verstopften Gehörgang führen. Hörminderung oder Ohrjucken sind hierzu die klinischen Zeichen.

Von besonderem Interesse im Zusammenhang mit Hörminderungen oder Mittelohrentzündungen ist natürlich auch die Belüftung des Mittelohres. Diese kann ebenfalls durch verspannte Muskeln eingeschränkt sein, weil das Öffnen und Schließen der Ohrtrompeten (Tuben) zum Beispiel beim Schlucken, durch Kontraktion kleiner Muskeln bewerkstelligt wird. Kommt es zu länger anhaltenden muskulär bedingten Ventilationsstörungen des Mittelohres, kann dies zu Hörminderung und/oder Mittelohrentzündungen führen. Alle genannten Beschwerden sollten sehr ernst genommen werden, denn je früher sie behandelt werden, desto größer ist die Aussicht auf einen Therapieerfolg.

Augen

Die Augen liegen in ein festes Lager eingebettet, das durch verschiedene Schädel- und Gesichtsknochen gebildet wird. Erhöhte Anspannung der sie umgebenden Muskelgewebe können zu zahlreichen Augensymptomen wie Schmerzen, Flimmern, Doppeltsehen oder Lichtempfindlichkeit führen. Wenn der Augenarzt oder Neurologe bei dieser Art von Beschwerden keine Ursache feststellen kann, dann sollte man ebenfalls an eine CMD denken.

Kopf und Nacken

Kopfschmerzen gehören neben Rückenschmerzen zu den am weitesten verbreiteten Schmerzarten in der heutigen Zeit. Die häufigsten Ursachen für Schmerzen im Kopfbereich sind Verspannungen der Kau- und Kopfmuskulatur, Migräne und mehrere andere Kopfschmerzformen. Auch schon bei Kindern findet man häufig druckempfindliche Schläfen- und Nackenmuskeln, verbunden mit Kopfschmerzen. Ursachen für diese Verspannung sind oft Probleme mit der Körperhaltung und der Bisslage, aber auch starke psychische Anspannungen durch Beruf, Schule oder das soziale Umfeld werden als Auslöser angenommen. Gesichtsschmerzen, Nackensteifigkeit, Druck im Kopf, empfindliche Haarspitzen und schmerzhafte Kopfhaut sind Symptome, die ebenfalls durch muskuläre Verspannungen verursacht werden können.

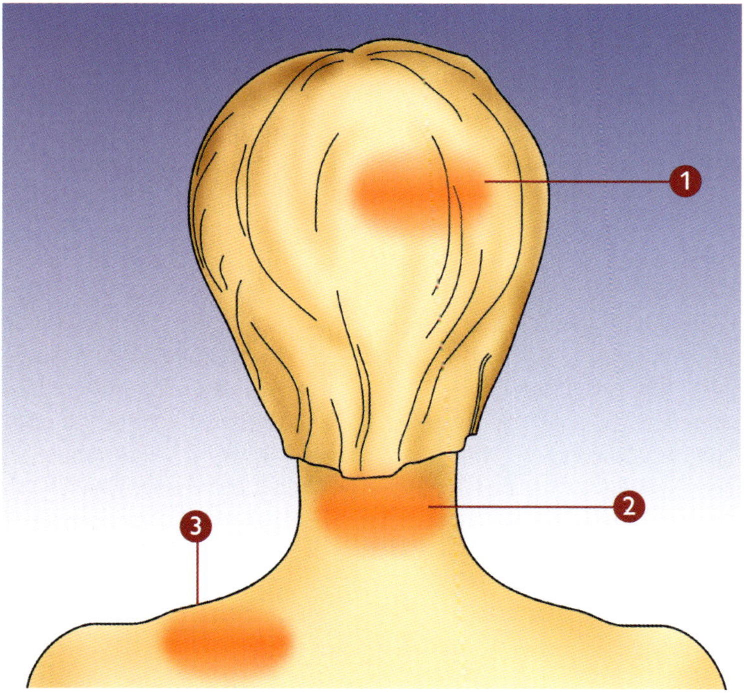

Abb. 4:
Mit CMD in Verbindung gebrachte Schmerzen und Befunde im Bereich von Hinterkopf 1, Nacken 2 und Schultern 3

HALS

Die Halsmuskulatur ist mit den Nackenmuskeln integraler Bestandteil der Haltungsmuskulatur des Kopfes und hat in ihrer Funktion engen Bezug zur Kaumuskulatur. Der Einfluss einer verspannten Kaumuskulatur auf die Halsmuskeln kann in vielfältiger Form wie in Heiserkeit, Halsschmerzen, häufigem Räuspern oder Kloßgefühl zutage treten. Die Verspannungen können solch starkes Ausmaß erreichen, dass sogar die Sprache beeinträchtigt wird (Sprachstörungen). Selbstverständlich sind auch Wechselwirkungen in umgekehrter, also aufsteigender Richtung (siehe Risikofaktoren, S. 46) anzunehmen.

KÖRPER

GANZHEITLICHE SICHTWEISE DES PATIENTEN, bei CMD-Patienten unerlässlich

Wenn die Kopf-, Hals- und Nackenmuskulatur verspannt ist, dann fehlt erfahrungsgemäß nicht viel dazu, dass sich die Muskelbeschwerden auch auf tieferliegende Körperregionen ausdehnen (Kettenmyosen). Dabei kann es zu Schulterschmerzen mit Beschwerden, die bis in die Arme und Fingerspitzen ausstrahlen, kommen. Manchmal stellt sich sogar Taubheitsgefühl in diesen Gliedmaßen ein, was auf die Verkürzung und Verspannung von Halsmuskeln (Musculi scaleni) zurückzuführen ist, weil sie einen wichtigen, den Arm versorgenden Nervenstrang (Plexus brachialis) einschnüren. Auch Rückenschmerzen und Gelenkschmerzen in den unteren Extremitäten treten nicht selten im Verlauf einer langjährigen Chronifizierung des Leidens auf. Auch hier sind selbstverständlich in aufsteigender und absteigender Richtung vielfältige gegenseitige Beeinflussungen der Muskelketten denkbar.

PSYCHE

Eine Craniomandibuläre Dysfunktion kann auch auf der Basis einer psychischen Disposition entstehen. Starker psychischer Stress durch Beruf, Schule oder Familie führt bei disponierten Menschen (hypervigilanter Typus) zu anhaltenden, ausgeprägten muskulären Reaktionen, die schließlich durch Überlastungsphänomene zu Muskelschmerz führen können (psychosomatische Wechselwirkung).

Wenn ein Mensch unter fortdauernden spannungsbedingten Muskelschmerzen leidet, so kann er unbehandelt oft schon nach kurzer Zeit auch objektiv messbare psychische Veränderungen erfahren, ohne dass ihm dies subjektiv bewusst wird. Vor allem reaktive Depressionen mit Verstimmung, Unruhe, Angstzuständen, Schlaflosigkeit und Stimmungsschwankungen sind häufig auftretende Komplikationen (somatopsychische Wechselwirkung). Allerdings zeigt die klinische Erfahrung auch, dass Patienten über Jahre an CMD leiden können, ohne messbare psychische Alterationen zu offenbaren.

Am Ende dieser Informationsschrift finden Sie im Anhang eine Liste, in der alle bislang genannten Symptome, die in Zusammenhang mit CMD stehen können, aufgeführt sind. Mit ihrer Hilfe kann man einen schnellen Überblick über das Ausmaß der Beschwerden gewinnen. Sie ersetzen jedoch in keinem Falle die im Anhang aufgeführten Diagnoseinstrumentarien (siehe Anhang S. 94, RDC).

Wer leidet unter CMD ?

CMD-Symptome, bei 60% der Bevölkerung

Neuere Untersuchungen haben gezeigt, dass über 60 Prozent der Bevölkerung Symptome einer Craniomandibulären Dysfunktion aufweisen, ohne allerdings dafür subjektiv einen Behandlungsbedarf zu erkennen. In diesem Zusammenhang ergibt die klinische Erfahrung, dass den wenigsten Patienten bekannt ist, dass Kopfschmerzen auch von der Kaumuskulatur verursacht sein können oder Beschwerden in den Ohren ihren Ursprung nicht im Mittelohr, sondern im Kiefergelenk oder in den kiefergelenknahen Muskeln haben können. Ein leichtes Knacken oder Reiben in den Gelenken zum Beispiel beim Essen wird dabei nicht als Alarmsignal gewertet, und der mögliche Zusammenhang mit anderen Symptomen wie Kopfschmerzen ist meist nicht bekannt. Häufig treten hierbei auch keine unerträglichen Schmerzen auf. Deshalb ist der Leidensdruck zu gering, und der Betroffene begibt sich nicht in Behandlung.

Subjektiven Behandlungsbedarf geben nur etwa drei Prozent der Bevölkerung an. Allerdings dominieren bei diesen Patienten dann schon massive Schmerzsymptome bei mäßiger bis schwer ausgeprägter Dysfunktion. In diesem Stadium ist es häufig bereits "fünf vor zwölf" und höchste Zeit einzugreifen, damit eine mögliche Chronifizierung des Leidens noch verhindert wird.

Sind besondere Risikogruppen von CMD betroffen?

Prinzipiell kann jeder von diesem Krankheitsbild betroffen sein, vom kleinen Kind bis zum Greis. Daher sollte man auch bei Kindern und Jugendlichen im Zusammenhang mit Kopfschmerzen immer an die Möglichkeit einer sich entwickelnden CMD oder an Parafunktionen (Pressen oder Reiben auf den Zähnen) denken. Der Fachmann kann dann mit relativ einfachen klinischen Mitteln feststellen, ob die Schmerzen von Verspannungen herrühren oder nicht. Aufwendige instrumentelle Untersuchungen sind bei Kindern dabei selten vonnöten, weil sich gewöhnlich noch keine komplexe Überlagerung von Symptomen ergeben hat.

CMD bei Frauen acht mal so häufig wie bei Männern

Am häufigsten trifft man diese Erkrankung bei Frauen jüngeren bis mittleren Alters an (etwa acht mal so häufig wie bei Männern). Der Grund hierfür ist nach wie vor unklar. Aber es deutet alles darauf hin, dass, wie bei anderen Erkrankungen auch, viele geschlechtsspezifische Faktoren gemeinsam wie etwa physische Kondition, endokrine und hormonelle Aspekte oder Stress durch Mehrfachbelastung (Kinder/Beruf/Haushalt), um nur einige zu nennen, zu dieser hohen Erkrankungsrate bei Frauen beitragen.

Aber auch Studierende im Prüfungsstress, Manager, Personen, die schwere persönliche Krisen erleben, können, vor allem durch Parafunktionen oder eine erhöhte Basisaktivität in der Muskulatur ausgelöst, eine CMD entwickeln. Stresskorrelierte Überaktivierungen der Kaumuskulatur zeigen sich oft während des Schlafes und wirken dadurch noch traumatisierender, weil während des Schlafes schützende Schmerzreflexe deutlich reduziert sind und deshalb wesentlich größere Kräfte auf die Gewebe einwirken können als unter bewusster Kontrolle.

Was kann passieren, wenn Probleme im Kiefergelenk und in der Kaumuskulatur nicht erkannt oder nicht behandelt werden?

Schmerzen bei CMD, oft vorübergehend

Wenn aufgrund einer Craniomandibulären Dysfunktion akute Schmerzen auftreten, dann ist dies ein Zeichen dafür, dass das System momentan überfordert wird. Der Schmerz zeigt hier seine natürliche Schutzfunktion, die sehr ernst genommen werden sollte. Aber oft sind diese Beschwerden mit einfachen Mitteln zu beseitigen oder in ihrer Natur "transient", sie verschwinden ohne therapeutische Maßnahmen von allein. In manchen Situationen ist eine adäquate Schmerzbeseitigung nur mit langwierigen therapeutischen Maßnahmen möglich. In jedem Fall sollte ärztlicher Rat eingeholt werden, denn nur der Fachmann kann ermessen, zu welcher Kategorie die jeweiligen Beschwerden voraussichtlich zählen.

Nachfolgend einige Beispiele:

Wenn man eine neue Zahnfüllung bekommt, die ein wenig stört, ist man gezwungen, beim Kauen dieses Hindernis zu meiden. Dies führt zu Veränderungen im Bewegungsmuster des Unterkiefers, was schließlich Kiefergelenks- und/oder Muskelschmerzen auslösen kann. Diese beginnende CMD ist ganz leicht zu therapieren: Der störende Zahnkontakt wird durch Einschleifen beseitigt.

Treten Schmerzen im Rahmen einer starken psychischen Anspannung auf, etwa vor einer Prüfung, kann der CMD mitunter nur ein vorübergehender psychischer Stressfaktor zugrunde liegen. Nach den Examina lässt die Überaktivierung der Kaumuskulatur wieder nach, und die Schmerzen verschwinden. Das System war also in der Lage sich gewissermaßen selbst zu heilen.

Man sollte jedoch sorgfältig darauf achten (wie dies bewerkstelligt werden kann, wird an späterer Stelle berichtet), ob nicht, bedingt durch eine körperliche "Disposition" wie zum Beispiel Fehlentwicklung der Kiefer, Verletzungen oder besondere Gewohnheiten des

Patienten, trotz Beseitigung der akuten Symptomatik eine chronische muskuläre Anspannung weiterbesteht. Das Schmerzproblem wird in diesem Falle nur symptomatisch gelindert und kann bei einem nächsten mitunter geringfügigen Anlass erneut akut aufbrechen oder gar im Lauf der Zeit in ein chronisches Beschwerdebild übergehen.

Überschreiten der Belastungsgrenze verhindert oft die Selbstregulation

Bleiben wir bei der Geschichte unseres Prüflings und nehmen wir an, die Beschwerden lassen nach der Prüfung nach, verschwinden aber nicht ganz. In diesem Falle könnte die Disposition darin bestehen, dass durch zu häufiges Überschreiten der Belastungsgrenze eine Selbstregulation nicht mehr in vollem Umfang möglich ist. Der Patient kann sich nicht mehr genügend entspannen, um die Verkrampfungen zu lösen. Eine andere Disposition kann darin bestehen, dass er, wie schon zuvor beschrieben, zum hypervigilanten Typus zählt und anhaltend erhöhte Basisaktivität in der Muskulatur zeigt, die grundsätzlich keine vollkommene Entspannung zulässt. In beiden Fällen ist gleichermaßen darauf zu achten, dass das Schmerzproblem nicht chronifiziert wird. Hier wird schon plausibel, dass sich die Prognose für eine Heilung bei jedem Fall anders darstellt.

Wenn schmerzfreie Geräuschphänomene der Kiefergelenke wie das Knacken vorliegen, so ist dies oft ein Zeichen für Umbauvorgänge an Gelenkflächen und der Gelenkscheibe (Discus articularis Abb 8, S. 42), wie sie bei einer Arthrose vorkommen. Dies kann ohne Schmerzen bis zur totalen Zerstörung des Diskus führen. Auch hier ist sorgfältig (nach Abklärung möglicher Ursachen, die vor allem in einer überaktiven Muskulatur zu suchen sind) zu entscheiden, ob und in welchen Umfange therapeutische Maßnahmen sinnvoll oder notwendig erscheinen. Ohne Wenn und Aber wird eine Intervention unausweichlich, wenn sich zu den Geräuschen Schmerz einstellt und/oder erhebliche Bewegungseinschränkungen beim Essen oder Sprechen dies erfordern. In schweren Fällen muss dann manchmal sogar das Gelenk operativ behandelt werden.

Die dargelegten Sachverhalte zeigen also, dass in jedem Falle die Craniomandibuläre Dysfunktion kompetent diagnostiziert werden muss, damit man entscheiden kann, ob oder welche therapeutischen Schritte im einzelnen Falle einzuleiten sind. Oft sind diese Entscheidungen auch nur interdisziplinär zu treffen. Bei unklaren Beschwerden im Kopf- und Nackenbereich müssen neben dem Zahnarzt auch Allgemeinmediziner, HNO-Arzt oder Neurologe hinzugezogen werden.

Womit wird die Craniomandibuläre Dysfunktion oft verwechselt?

Anamnese, Krankheitsgeschichte wichtig zur Ursachenfindung

Ob es nun Kopfschmerzen, Ohrgeräusche oder Nackenschmerzen sind, in den wenigsten Fällen denken Arzt oder Patient daran, dass hier ein zahnärztliches Problem vorliegen könnte. Oft liegen auch nur ein oder zwei markante Symptome vor, die auf die falsche Fährte und so zur falschen Fachdisziplin führen können. Eine sehr große Rolle spielt in diesem Zusammenhang die Befragung des Patienten, die “Anamnese”. Hier kann man häufig am Anfang einer solchen Erkrankung ein auslösendes Ereignis feststellen: ein Schleudertrauma nach einem Autounfall, eine zahnärztliche Behandlung mit lang anhaltender Mundöffnung, aber auch ganz einfach ein besonders belastendes Erlebnis oder eine intensive Stress-Situation.

Um dem Leser das Einordnen bestimmter Beschwerden zu erleichtern, wollen wir hier Symptome der Craniomandibulären Dysfunktion alphabetisch auflisten, die auch bei anderen Erkrankungen auftreten können. Warum diese Symptome mit der CMD in Zusammenhang stehen, wurde im Kapitel “Symptome der CMD”, S. 15, bereits aufgezeigt. Mit der Liste wollen wir auch Hinweise geben, an welche Therapeuten man sich in entsprechenden Fällen wenden kann, falls die Ursache nicht im Kieferbereich liegt.

Augensymptome

Augenflimmern, unscharfes Sehen oder Schmerzen hinter den Augen müssen selbstverständlich vom Augenarzt untersucht und abgeklärt werden. Wenn er keine Ursache für die Beschwerden finden kann, muss man auch an eine CMD denken.

Gesichtsschmerzen

Genau wie bei den Kopfschmerzen gibt es hier zahlreiche andere Erkrankungen, die diese Beschwerden auslösen oder unterhalten. Wir können hier nur die häufigsten erwähnen und beschreiben.

Zuerst sollte man selbstverständlich eine einfache und direkte Ursache für die Schmerzen wie eine Karies, eine Prothesendruckstelle, einen Zahnriss (Infraktion), einen parodontalen Abszess ausschließen. Eine akute Entzündung der Nasennebenhöhlen kann ausgeprägte Schmerzen über der Wange, im Jochbein oder in der Stirn

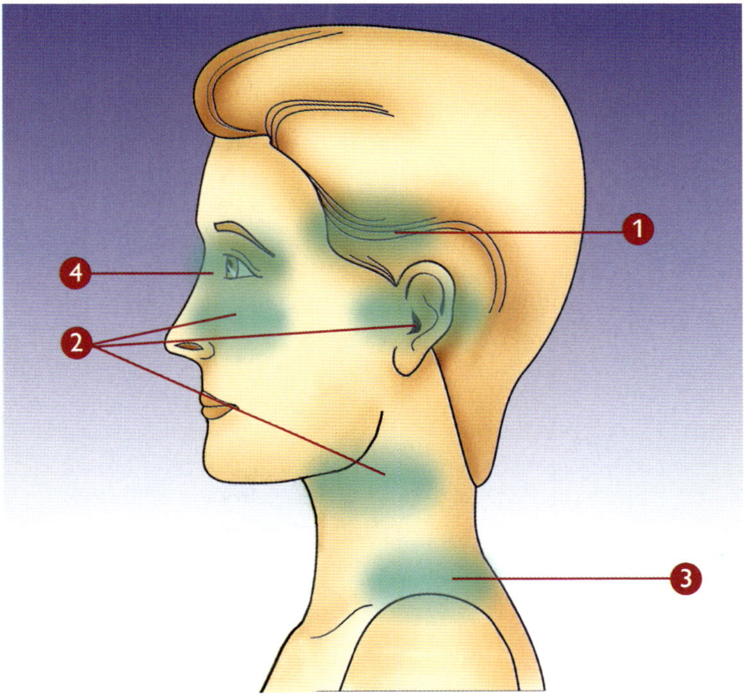

Abb. 5:
Vor der Diagnose CMD, bei unklaren Beschwerden Abklärung durch Neurologen 1, Hals-Nasen-Ohren-Arzt 2, Orthopäden 3 und Augenarzt 4

verursachen. Diagnose und Therapie sind durch den HNO-Arzt meistens einfach einzuleiten. Nach Eingriffen in die Kieferhöhlen können ebenso gehäuft Schmerzen im Gesicht auftreten. Wenn die Schmerzen vom Ohr in das Gesicht einstrahlen und der Bereich über dem Gehörgang und dem Kiefergelenk druckempfindlich ist, dann sollte auch an eine Mittelohrentzündung gedacht werden. Nicht zu vergessen ist natürlich die Frage an den Patienten nach Unfällen, im besonderen nach Schleudertraumen. Durch solche Verletzungen verursachte Blutungen oder Zerrungen im Gewebe der Hals und Nackenmuskulatur können neben den regionalen Beschwerden auch zu massiven Schmerzen im Gesichtsbereich führen, weil die obere Halswirbelsäule und der Kiefer-Gesichtsbereich gemeinsame Zentren haben, die den Schmerz verarbeiten.

Gesichtsschmerzen, auch durch zahlreiche andere Erkrankungen

Treten die Beschwerden blitzartig und kurz auf, dann ist zunächst auch an eine Neuralgie zu denken, insbesondere eine Trigeminusneuralgie, die der Neurologe abklären muss. Er wird auch die seltene Möglichkeit eines Tumors mit bildgebenden Verfahren ausschließen und Migräne oder andere ähnliche Kopfschmerzarten differentialdiagnostisch abklären.

Die ganze Palette der rheumatischen Erkrankungen, hier insbesondere die Polyarthritis sowie die Fibromyalgie, kann ins Gesicht einziehende Schmerzen verursachen. Hier wendet man sich am besten an einen Rheumatologen, der über Anamnese, körperliche Untersuchung und Blutwerte die Diagnose stellen kann.

Verspannung der Nackenmuskulatur und Halswirbelblockaden verursachen auch recht häufig einstrahlende Schmerzen im Bereich des Gesichtes. Sie können relativ leicht durch manuelle Untersuchungstechniken ermittelt werden. Hier wendet man sich am besten an einen versierten Orthopäden oder Physiotherapeuten mit osteopathischer Ausbildung.

Kiefergelenksschmerzen

Schmerzen im Kiefergelenk deuten in erster Linie auf entzündliche Veränderungen der Gelenkkapsel oder des hinteren Gelenkraumes hin. Auch mehrere rheumatologische Erkrankungen können das Kiefergelenk betreffen und dürfen nicht übersehen werden. Insbesondere die chronische Polyarthritis ist auszuschließen. Die exakte Diagnose stellt auch hier der Rheumatologe.

"KLOSS IM HALS", SCHLUCKBESCHWERDEN

Nicht nur muskuläre Verspannungen des Halses, auch lokale Entzündungen, in seltenen Fällen Tumore in der Luftröhre verursachen dieses "Globusgefühl". Hier sollte der HNO-Arzt zur Abklärung konsultiert werden. Wenn lokal nichts festzustellen ist, kann es sich auch um eine aus der Muskulatur des vorderen Halsbereiches projizierte Missempfindung handeln.

KOPFSCHMERZEN

Im Prinzip kann dieses Symptom zahlreiche Ursachen haben (siehe Gesichtsschmerzen S. 33). Zu den am häufigsten verkannten Ursachen gehört wohl der von der Kaumuskulatur verursachte Kopfschmerz, der sich durch Stress oder Fehlbelastung aufbauen kann.

KOPFSCHMERZEN, ein Symptom für viele Krankheitsbilder

Ebenfalls von Bedeutung sind, wie oben bereits für das Schleudertrauma aufgezeigt, Schmerzzustände, deren Ursachen im Bereich der Halswirbelsäule zu finden sind, die aber als Kopfschmerz wahrgenommen werden.

Weitere häufig vorkommende Kopf- und Gesichtsschmerzen sind die Migräne, der Spannungskopfschmerz und der Cluster-Gesichts-Kopfschmerz, um nur die bedeutendsten zu nennen. Die differenzialdiagnostische Abklärung zur CMD ist bei diesen Kopfschmerzformen oft nur interdisziplinär möglich.

Wichtig ist auch, ein chronisches Schmerzsyndrom mit ausgedehntem Muskelschmerz zu erwähnen, die sogenannte Fibromyalgie. Typisch sind hier sehr viele Schmerzpunkte am ganzen Körper, schlechter Schlaf und chronische Müdigkeit. Sehr oft tritt dieses Krankheitsbild zusammen mit einer CMD auf. Hier ist die Zusammenarbeit mit Schmerztherapeuten, Rheumatologen und Psychotherapeuten oberstes Gebot.

Eingeschränkte Mundöffnung

Die Kieferklemme ist ein typisches Symptom bei CMD, kann aber auch nach einem Unfall auftreten. Eine entzündete Zahnwurzel führt in manchen Fällen ebenfalls zu einer Schwellung mit Einschränkungen der Bewegungsfähigkeit des Unterkiefers. Die eingeschränkte Mundöffnung gehört aber auch zu den Symptomen mancher Infektionskrankheiten wie Mumps oder Tollwut. Gelegentlich tritt sie auch nach einer Zahnbehandlung mit einer sogenannten Leitungs-

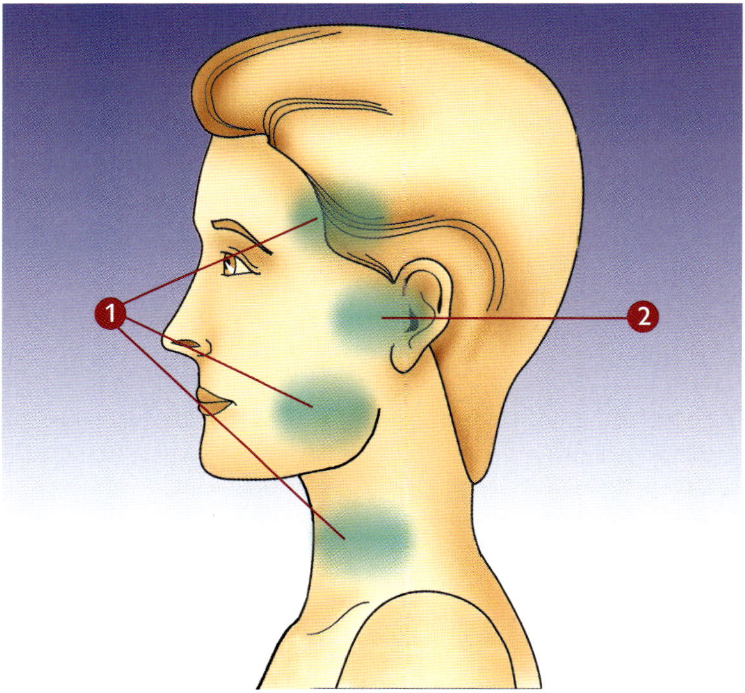

Abb. 6:
Besonders bei Muskel- ❶ oder Gelenkschmerzen ❷ immer auch an eine Fibromyalgie oder eine rheumatische Erkrankungen denken. Durch den Rheumatologen abzuklären.

anästhesie auf. Allerdings verschwinden hier die Beschwerden meist schon nach einem Tag von selbst. Nur in relativ seltenen Fällen kann eine solche Anästhesie eine länger bestehende Kieferklemme auslösen, häufig dann, wenn die Kaumuskulatur zuvor schon recht verspannt war und durch die Spritze gewissermaßen das Fass zum Überlaufen gebracht wird.

Nackenschmerzen

Nackenschmerzen, häufig durch Haltungsfehler und Stress verursacht

Dieses weitverbreitete Symptom hat wohl in erster Linie orthopädische Ursachen: Körperhaltung und sportlicher Ausgleich lassen einiges zu wünschen übrig. Eine statische Veränderung der Wirbelsäule etwa durch ungünstige Beckenstellung oder lokale Muskelverspannungen zieht nicht selten ausgleichende Veränderungen in anderen Segmenten der Wirbelsäule nach sich. Da der Kopf ein relativ schweres Gebilde ist, muss die Nackenmuskulatur besonders hart arbeiten, wenn sich die Körperhaltung so stark verändert hat, dass er nicht mehr im Gleichgewicht gehalten werden kann.

Auch hier ist vor allem der psychische Stress zu erwähnen, der negative Auswirkungen auf den Spannungszustand des Nackens hat. Wenn kein Unfall vorliegt, können in diesen Fällen der Orthopäde und/oder der Physiotherapeut weiterhelfen. Wenn aber gleichzeitig eine CMD vorliegt, kann es aus oben genannten Gründen (gemeinsame schmerzverarbeitende Zentren für HWS und Kiefer-Gesichtsbereich) durch Behandlung der CMD auch zu einer Linderung der Nackenschmerzen kommen.

Ohrgeräusche (Tinnitus)

Wie bei den Kopfschmerzen sind die Ursachen für die Geräusche im Ohr vielfältig. Neben den bereits erwähnten Zusammenhängen mit CMD über das Kiefergelenk sollte man vor allem an körperlichen und psychischen Stress sowie Durchblutungsstörungen oder auch Stoffwechselerkrankungen denken. Eine gründliche Untersuchung durch einen erfahrenen HNO-Arzt sollte zuerst in Betracht gezogen werden, weil in diesen Fällen auch die schnelle Hilfe ein wichtiges Kriterium für den Erfolg der Therapie darstellt.

Ohrenschmerzen

Bei Ohrenschmerzen denkt man natürlich zuerst an eine Mittelohrentzündung. Wenn der HNO-Arzt dies ausschließt, können Verspannungen der umliegenden Muskulatur (Triggerpunkte S. 96) die Ursache sein. Sehr häufig sind allerdings Entzündungen im Kiefergelenk der Grund für diese Beschwerden.

Rückenschmerzen, Schulterschmerzen

Differenzialdiagnose macht interdisziplinäre Zusammenarbeit unerlässlich

Wie bei den Nackenschmerzen liegen hier wohl hauptsächlich orthopädische Probleme vor, die allerdings auch mit Kaufunktionsstörungen einhergehen können. Eine Linderung von Rücken- oder Schulterproblemen kann in vielen Fällen durch die Behandlung der CMD eintreten.

Schwindel

Das Gleichgewichtsorgan im Mittelohr muss bei diesem Symptom besonders sorgfältig der Ohrenspezialist untersuchen, um die verschiedensten Ursachen abzuklären. Morbus Menière ist eine der in Frage kommenden Erkrankungen, bei der allerdings zum Schwindel noch einseitige Schwerhörigkeit und einseitiger Tinnitus hinzukommen. Auch neurologische Defizite und Kreislauferkrankungen sollten in diesen Fällen abgeklärt werden.

Verspannung morgens beim Aufwachen

Dieses typische Symptom der CMD tritt auch häufig bei Problemen der Halswirbelsäule oder des Rückens auf. Hier kann das geeignete Bettlager oder ein optimiertes Nackenkissen durchaus Linderung herbeiführen. Nicht selten kann der Patient, wenn er bei Nacht ein Aufbissbehelf trägt, dieses Problem abstellen.

Zahnlockerungen, Zahnwanderungen

Nicht nur Zähneknirschen oder vergleichbare Parafunktionen können die Zähne lockern, vor allem die chronische Parodontitis zerstört das Zahnbett und führt dadurch zu erhöhter Zahnbeweglichkeit. Hier ist wieder der Zahnarzt aufgefordert, nach den Ursachen zu forschen und die adäquate Behandlung einzuleiten.

Zahnschmerzen

Ein Ziehen in den Zähnen durch eine Entzündung der Zahnpulpa kann grundsätzlich durch Überbelastung bei eine CMD entstehen. Häufiger ist allerdings die weit verbreitete Karies, die zahnärztlich behandelt werden muss. Eine andere Ursachen kann ein haarfeiner Riss in der Zahnkrone sein (Infraktion), der zwar nicht sichtbar ist, aber bei Druck sehr starke Schmerzen verursachen kann, weil er bis zur Zahnpulpa reicht. In vielen Fällen kann eine Überdeckung der Kaufläche den Zahn retten (Teilkrone oder Krone), aber oft muss er auch wurzelbehandelt oder entfernt werden.

Klinische Aspekte der CMD

Anatomie des Kauapparates und der Kopfregion

Der Kauapparat mit der dazugehörigen Kopfregion ist relativ komplex aufgebaut und soll hier nur in großen Zügen dargestellt werden. Die wichtigsten Elemente der Kaufunktion werden aber anhand graphischer Darstellungen erläutert und anschaulich gemacht (Abb. 7 – 10).

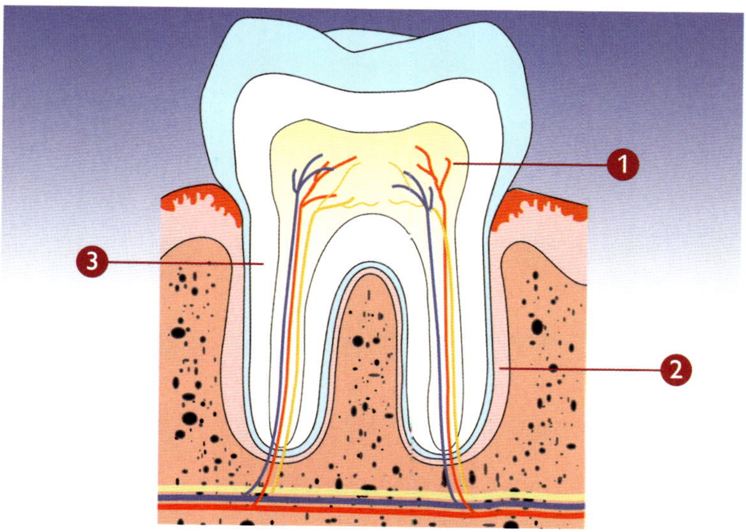

ABB. 7:
Zahnmark ❶ und Zahnhalteapparat ❷ enthalten reichlich Schmerzsensoren. Sogar das Zahnbein ❸ kann schmerzhafte Reize wahrnehmen

Zähne

Normalerweise hat der Mensch 32 Zähne, 16 im Oberkiefer und 16 im Unterkiefer. Es zeigt sich aber immer häufiger, dass die Weisheitszähne nicht regelrecht durchbrechen können oder aber sogar vollkommen fehlen. Eingebettet sind die Zähne in den Kieferknochen. Er ist ein stabiles Lager, mit dem sie über den Zahnhalteapparat (Parodontium) elastisch verbunden sind. Wenn sich die Zähne durch Parodontitis lockern, begünstigt durch übermäßigen alternierenden Zug und Druck, erhöht sich die Beweglichkeit immer mehr, bis Wanderungen der Zahnkronen und/oder Zahnverlust eintreten. Der Kieferkamm bildet sich dann in zahnlosen Bereichen immer mehr zurück, weil er seine ursprüngliche zahntragende Funktion und damit den Reiz zur Formerhaltung verloren hat.

Kiefer

Der Oberkiefer ist Teil des Gesichtsschädels, dient als Lager der oberen Zähne und formt den Gaumen. Der Unterkiefer ist insgesamt wesentlich kompakter aufgebaut. Der von dichtem Knochen umgebene zahntragende Anteil hat Hufeisenform. Er kann außerordentlich hohen Kräften (Kauen: 3-20 Kilopond; maximales Zusammenbeißen zwischen zwei Zähnen: 45-75 Kilopond) widerstehen. Das regelrechte Wachstum der Kiefer in allen Richtungen ist eng an die Funktion von Zungen-, Gesichts- und Kaumuskulatur gebunden.

45-75 Kilopond, Kräfte beim Zusammenbeißen von Antagonisten

Kiefergelenke

Die Kiefer berühren einander indirekt über die Zahnreihen, und im hinteren Bereich hat der Unterkiefer über die Kiefergelenke Kontakt mit den Schläfenbeinen (Ossa temporalia). Die Ossa temporalia enthalten auch die Gelenkpfanne (Fossa articularis), in die sich die Gelenkköpfchen (Condyli articulares) des Unterkiefers einfügen. Zwischen diesen beiden Strukturen sitzt die Gelenkscheibe (Discus articularis), die peripher mit der Gelenkkapsel verwachsen ist, so dass sich zwei getrennte Gelenkräume mit einem oberen und einem unteren Gelenkspalt (Abb. 8) ergeben.

Beide Gelenkspalten ermöglichen jeweils unterschiedliche Bewegungen: Während das Gelenkköpfchen im unteren Gelenkspalt, also gegen den Diskus, eine Rotationsbewegung ausführen kann, kann das Gelenkköpfchen samt Gelenkscheibe im oberen Gelenkspalt eine Gleitbewegung nach vorn und hinten, im begrenzten Umfang auch zur Seite, ausführen. Beide Bewegungsmöglichkeiten zusammen erklären die außerordentliche Vielfalt an Bewegungen, die der Mensch mit dem Unterkiefer ausführen kann. Diese Bewegungsvielfalt wiederum erlaubt uns, eine schier unbegrenzte Auswahl an Nahrungsmitteln aufzu-

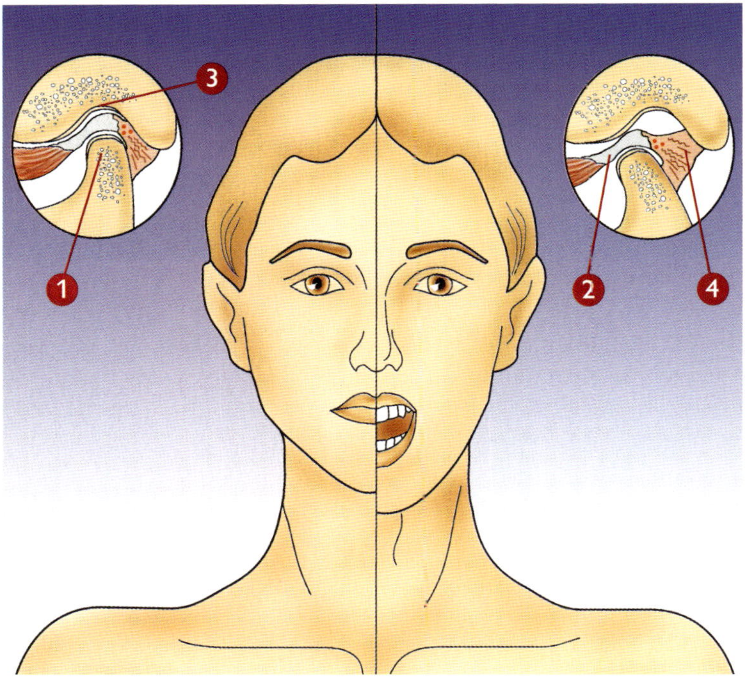

Abb. 8:
Die Kiefergelenke, bestehend aus Gelenkköpfchen 1, Gelenkscheibe 2, Gelenkpfanne 3 und der bilaminären Zone 4, helfen die vielfältigen Bewegungsmöglichkeiten des Kausystems zu koordinieren.

nehmen und zu zerkleinern und unseren Mund für wesentlich mehr Aktivitäten zu nutzen als nur zur Nahrungsaufnahme.

In den Gelenken befindet sich die Gelenkflüssigkeit (Synovia), die ein weiches Gleiten bei den Kieferbewegungen ermöglicht. Da die Gelenkoberflächen nicht durchblutet sind, erfüllt die Synovia eine weitere wichtige Aufgabe: Indem sie diese Gelenkflächen umspült, ermöglicht sie gleichzeitig deren Stoffwechsel; sie schafft neue Nährstoffe heran und transportiert Abbauprodukte weg. Die Synovialflüssigkeit selbst wird an der Peripherie des Gelenks durch die gut durchblutete Synovialmembran regeneriert.

BILAMINÄRE ZONE, verantwortlich für die Blutversorgung des Kiefergelenks

Im hinteren Bereich der Gelenkscheibe befindet sich die "bilaminäre Zone", Abb. 8. Dieser Bereich ist für die Blutversorgung dieser Membranen, aber auch der Gelenkkapsel verantwortlich. Dieses verletzliche Gewebe kann durch Bissabsenkungen und chronische Rückverlagerung des Unterkiefers bei falscher Entwicklung oder Einstellung des Bisses sowie durch traumatische Einwirkungen bei Unfällen oder Schlägen verletzt werden. Bei einer relativ häufigen Verlagerung des Diskus nach vorn gerät diese bilaminäre Zone nun zwischen Gelenkkopf und Gelenkpfanne und wird dabei häufig auf unphysiologische Weise unter Druck gesetzt. Dies kann zum einen zu schmerzhaften entzündlichen Reaktionen führen, zum andern aber auch zur Perforation dieses Gewebes. Sie ist anders als der zähfasrige Diskus nicht zur dauernden Aufnahme von Druck geschaffen. So kann ein direkter Kontakt zwischen dem Gelenkköpfchen und der Gelenkpfanne entstehen, und das löst häufig eine Veränderung der knöchernen Form dieser Strukturen aus, die dann auch auf Röntgenaufnahmen zu erkennen ist.

KAUMUSKULATUR

Der Vielfalt an Bewegungen, die unsere Kiefergelenke zulassen, entspricht die komplexe Muskulatur, die den Kiefer bewegt. Allein für das Heben des Unterkiefers (Elevation) werden nicht weniger als acht verschiedene Muskelstränge gebraucht (Abb. 9).

Die Schläfenmuskeln (Mm. temporales) sind links und rechts des Schädels wie Fächer angeordnet. Sie können deshalb den Unterkiefer nicht nur nach oben, sondern auch noch nach vorn und hinten bewegen. Dementsprechend sind auch die Schläfenmuskeln maßgeblich daran beteiligt, den Unterkiefer in die richtige Stellung zu bringen, damit kraftvoll zugebissen werden kann. Wenn diese Muskeln chronisch überlastet belastet werden, weil sie den Unterkiefer passend zu einem verschobenen Biss halten müssen, können sie im Laufe der Zeit erschöpfen und Anlass zu Schmerzen geben. So gesehen ist es kein Wunder, dass die Schläfenmuskeln am häufigsten an den muskulär bedingten Spannungskopfschmerzen beteiligt sind. Beim Zähneknirschen, einer "bewegenden" Parafunktion, werden diese Muskeln besonders stark aktiviert.

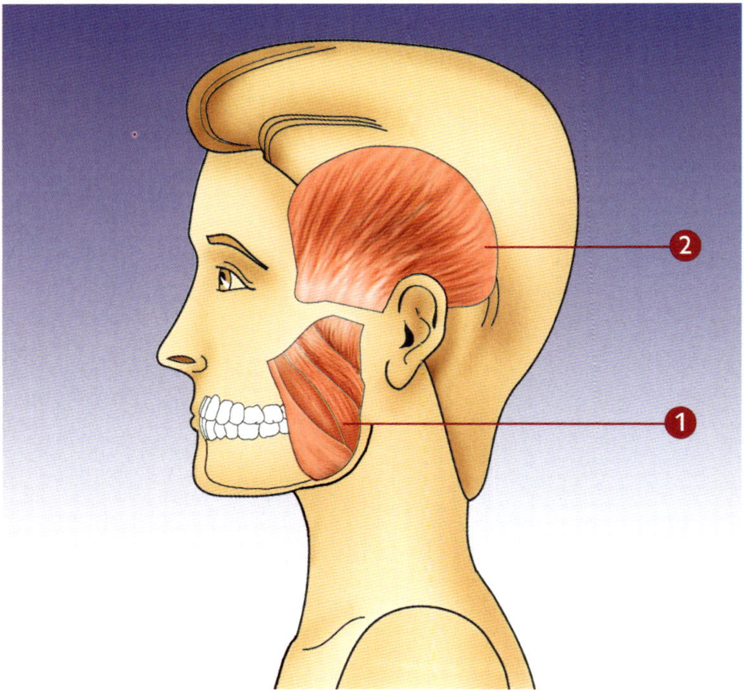

Abb. 9:
Masseter 1 und Temporalis 2, die kräftigsten Kaumuskeln, können durch ihren komplexen Aufbau unterschiedlichste Kraft- und Bewegungsrichtungen entwickeln.

Wenn der Unterkiefer richtig platziert ist, können die kraftvollen Kaumuskeln, der M. masseter mit seinem oberflächlichen und tiefen Bauch sowie der M. pterygoideus medialis, zupacken und auch harte und zähe Nahrung zerkleinern (Abb. 9 und 10). Beim Zähnepressen, einer "stillen" Parafunktion, werden hauptsächlich diese Muskeln vermehrt belastet.

Bei Seitwärts- und Vorschubbewegungen, etwa beim Abbeißen, sind fast alle Muskeln beteiligt, insbesondere aber der Musculus pterygoideus lateralis (Abb 10).

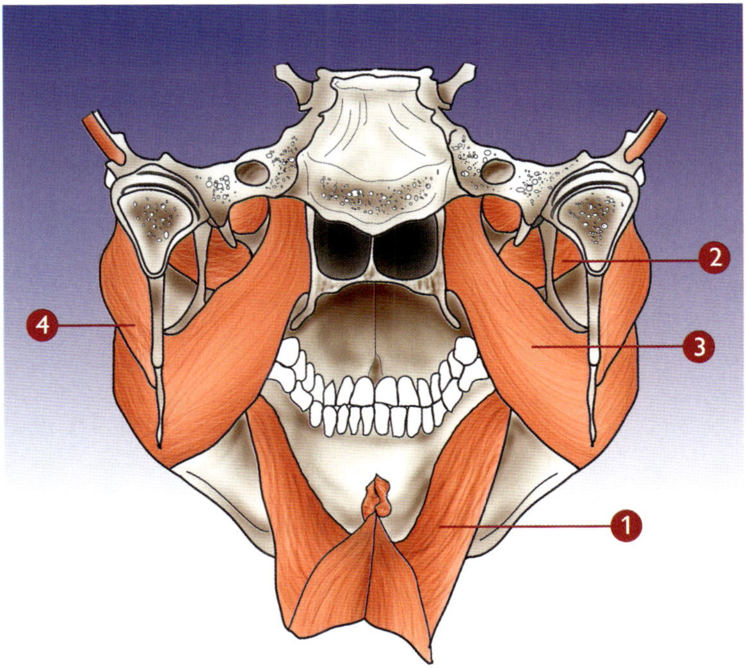

ABB. 10, KAUMUSKELANSICHT VON HINTEN:
Digastricus ❶ und Pterygoideus lateralis ❷, die wichtigsten Mundöffner. Pterygoideus medialis ❸ als Schließmuskel bildet mit dem Masseter ❹ die mächtige Muskelschlinge um den Unterkiefer

Die Antagonisten zu den Elevatoren, die Mundöffner, liegen unterhalb des Unterkiefers am vorderen Hals (M. digastricus, M. mylohyoideus und andere, Abb. 10) und verbinden den Unterkiefer über das Zungenbein mit dem oberen Thoraxbereich. Die Bewegung des Unterkiefers erfolgt also in gewissem Sinne nicht nur im Bezug zum Oberkiefer oder zum Schädel, sondern auch im Bezug zum Hals und Rumpf. Da die Halswirbelsäule die Variable in der Beziehung der Lage des Schädels zum Brustkorb ist, wird auch die recht häufige Koinzidenz von CMD und Nackenbeschwerden verständlich.

Kaufunktion

Kaufunktion, komplexes Zusammenspiel von Muskeln, Kiefergelenken und Zähnen

Beim Kauen führt der Unterkiefer dank seiner vielfältigen Bewegungsmöglichkeiten bei gleichzeitiger Artikulation in den Kiefergelenken rechts und links sehr komplexe Bewegungen aus. In der Schlussphase eines Kauschlages wird die Nahrung dabei regelrecht zermalmt. Ein fein austariertes Wechselspiel zwischen der Form der Kauflächen und dieser letzten Phase der Kaubewegung findet statt, damit für einen möglichst effektiven Kauvorgang gesorgt ist, auch wenn sich die Zähne im Laufe des Lebens abradieren.

Gesteuert wird das System durch "Propriozeptoren"; das sind Empfindungszellen, die in den Zähnen, im Zahnhalteapparat, in den Schleimhäuten, den Kiefergelenken, aber vor allem auch in den Muskeln zu finden sind. Solche "Sensororgane" erlauben eine optimale differenzierte Feineinstellung der Funktion. Man findet sie auch im Tierreich. Ein Krokodil kann einerseits sein Junges zwischen den Zähnen vorsichtig halten, andererseits auch ein Opfer mit mehreren hundert Kilopond zermalmen.

Risikofaktoren

Die Craniomandibuläre Dysfunktion kann man, wie viele andere Erkrankungen auch, meist nicht auf eine einzige Ursache oder einen einzigen Auslöser zurückführen. Vermutlich spielen hier viele unterschiedliche Risikofaktoren eine Rolle. So nimmt man an, dass strukturelle und/oder funktionelle Disharmonien zwischen dem Unterkiefer und den Bezugssystemen für seine Bewegungen, dem Oberkiefer, dem Schädel und dem Thorax eine wesentliche Ursache für die Entstehung von einer CMD sein können. Oft kann man auch Verbindungen zu psychischen Stressfaktoren im Sinne großer emotionaler Belastung herstellen.

Unerlässlich ist es allerdings, im Vorfeld viele andere in Frage kommende Allgemeinerkrankungen mit ähnlichen Symptomen im Kiefer-Gesichtsbereich wie Polyarthritis, Gichtleiden und vieles mehr interdisziplinär abzuklären. Sehr hilfreich ist, vom Patienten auf einem Ganzkörperschema sämtliche schmerzenden Körperregionen darstellen zu lassen. Dies liefert oft einen klaren Hinweis darauf, ob ein lokales oder generalisiertes Krankheitsbild vorliegt. Auf weitere differentialdiagnostische Aspekte gehen wir weiter unten noch ausführlicher ein.

GANZKÖRPERSCHEMA, Darstellung sämtlicher Körperregionen

ZAHNÄRZTLICHE FAKTOREN

Zahlreiche Risikofaktoren sind auf Störungen zurückzuführen, die ein harmonisches biomechanisches Gleichgewicht im Kausystem beeinträchtigen.

Die Bisslage

Das Kausystem ist von Natur aus so ausgestattet, dass es mit geringstmöglichem Energieaufwand seine physiologischen Funktionen ausführen kann. Damit ihm das gelingt, hat es zusätzlich die Fähigkeit, sich an veränderte Situationen anzupassen. Diese Eigenschaft wird mit dem Fachbegriff "Plastizität" bezeichnet. Dennoch können erworbene oder angeborene "Störquellen" das Zusammenspiel in diesem komplexen Bewegungssystem so verändern, dass die Anpassungsfähigkeit überfordert wird. Dann stellen sich ernsthafte Beschwerden ein. Dies kann durch eine Bisslage, also durch eine Positionierung des Unterkiefers bei ineinandergefügten Zähnen eintreten, wenn sie sich nicht harmonisch in das Bezugssystem zwischen Schädel und Thorax einfügt und damit der Muskulatur, den Kiefergelenken oder der Schädelhaltung Anpassungsleistungen abfordert, die auf Dauer nicht beschwerdefrei möglich sind. Diese ungünstige

Verschiebung der Bisslage kann unter anderem im Laufe einer kieferorthopädischen Behandlung auftreten.

IM FOLGENDEN WEITERE "STÖRQUELLEN"!

Frühkontakte

Nach Zahnextraktionen können die über der Lücke stehenden Zähne langsam aus dem Gegenkiefer herauswachsen, oder die Zähne, welche die Lücke begrenzen, ändern ihre Stellung. Dies ändert die Orientierung der entsprechenden Kauflächen und somit die funktionelle Okklusionsform. Dadurch wird eine Veränderungen im Bewegungsablauf des Unterkiefers notwendig, die vom Betroffenen meist subjektiv nicht bemerkt und vom Kausystem zunächst oft ohne Symptome bewältigt werden, bis die natürliche Adaptionsfähigkeit erschöpft ist und das System erkrankt. Ähnliche Abläufe können auch bei anderen, etwa durch Parodontitis verursachten Änderungen von Zahnstellungen, vorkommen, aber auch durch eine künstlich herbeigeführte Veränderung der Kontaktsituation zwischen den Zähnen. Zusätzlich zu diesen adaptiven Bewegungsmustern können durch solche Störquellen, wie bereits berichtet, Parafunktionen ausgelöst werden, die sich als Knirschen oder Pressen auf den Zahnreihen darstellen.

Neue Füllung oder neuer Zahnersatz

FÜLLUNGEN ODER ZAHNERSATZ können unbemerkt Störquellen darstellen

Beim Eingliedern von Füllungen oder Kronen geschieht es nicht selten, dass zunächst oft unbemerkt "Störquellen" (Vorkontakte, Gleithindernisse) mit eingebracht werden. Patient und Zahnarzt haben die Situation vermeintlich erfolgreich gemeistert: Der Zahnersatz wurde, vielleicht auch mit einer gewissen "Einbeißphase", adaptiert. Aber nach wenigen Tagen, manchmal auch Wochen oder Monaten meldet sich der Patient wieder mit Schmerzen in den Kiefergelenken oder in Zähnen, und es scheint keine unmittelbare Ursache vorhanden zu sein. In solchen Fällen muss man prüfen (auch der Nachbehandler), ob an den Zähnen schon früher irgendwelche Veränderungen vorgenommen wurden und ob damals irgend etwas, auch nur vorübergehend, gestört hat. Wenn dies bei der Befragung bestätigt wird und das störende Ereignis nicht allzu lange zurückliegt, kann man hin und wieder das Problem relativ einfach direkt im Mund beseitigen. Oft ist dann in kürzester Zeit die Ursache behoben und die CMD therapiert.

KETTENARTIGE ADAPTATIONEN können komplexe Beschwerdebilder verursachen

Häufig sind allerdings die Zusammenhänge nicht so offensichtlich, wenn schon seit langem Schmerzen bestehen, oder vor allem auch, wenn sich nach mehreren erfolglosen Therapieversuchen oder kettenartig verlaufenden Adaptationen im Körper des Patienten ein "komplexes Beschwerdebild" eingestellt hat. Hier darf in keinem Fall "Hand an die Zähne angelegt" werden. Nichtinvasive und vollständig reversible Maßnahmen müssen in solchen Fällen in allererster Linie sicherstellen, dass nicht versehentlich weitere Störquellen gesetzt werden und dass der vorherige Zustand, sollte dies doch einmal geschehen sein, wiederhergestellt werden kann. Daher sind in solchen Fällen Aufbissschienen oder Physiotherapie die Mittel der ersten Wahl. Erst wenn sich die Symptome durch diese Maßnahmen "entscheidend" gebessert haben, kann man daran denken, die Störungen an den Zähnen in bleibender Form zu korrigieren.

An dieser Stelle scheint es wichtig, darauf aufmerksam zu machen, dass das Kausystem auch auf Veränderungen reagiert, die außerhalb der klinischen Korrekturmöglichkeiten des Behandlers und jenseits der bewussten Wahrnehmung des Patienten liegen. Außerdem muss man berücksichtigen, dass sich eine erschöpfte Adaptionsfähigkeit sowohl in einer verminderten Reizschwelle für Schmerzen als auch in einer erhöhten taktilen Wahrnehmungsfähigkeit zeigen kann und dass vor allem der Ort der Schmerzwahrnehmung (Zähne) nicht immer mit dem Ort der Schmerzursache identisch sein muss, sondern oft in anderen Strukturen (Muskulatur) zu finden ist.

Insuffizienter Zahnersatz

Zahnersatz sollte vom Zahnarzt regelmäßig auf seine Funktionsfähigkeit überprüft werden. Im Laufe der Zeit kann sich nämlich die Bisslage durch Abrieb der Prothesenzähne oder durch Einlagerung von Auflagesätteln in den Kieferkamm verändern. Dem Patienten werden solche Veränderungen meist nicht bewusst, denn das Kausystem ist quasi im Hintergrund ständig damit beschäftigt, sich an solche Veränderungen in der besten noch möglichen Weise anzupassen. Wenn der Patient schließlich offenkundige Beschwerden bekommt oder Funktionseinbußen erleidet, liegt häufig schon ein weit fortgeschrittenes Krankheitsbild vor.

Zahnschmerzen

Wenn ein Zahn durch Karies oder Parodontitis empfindlich wird und beim Kauen schmerzt, wird er bei der Funktion gemieden, und es entwickelt sich ein unnatürliches Bewegungs- und Kontraktionsmuster in der Muskulatur. Auch dies geschieht in der Regel, ohne dass es dem Patienten bewusst wird. Nicht selten stellt sich diese Beeinträchtigung als einseitige Kauaktivität dar, die oft erst Außenstehende bemerken. Hält dieser Zustand über längere Zeiträume an, kann es sowohl in den Kiefergelenken als auch in der Muskulatur zu schmerzhaften Veränderungen kommen. Hier reicht es in der Regel aus, den Zahnschmerz zu beseitigen, um die CMD erfolgreich zu behandeln, es sei denn, die Beschwerden haben schon ein chronisches Stadium erreicht.

Mundatmung

Mundatmung kann zu Fehlentwicklungen der Kiefer führen

Eine besondere Form von Risikofaktor ist die Mundatmung. Sie kann bei Kindern dazu führen, dass der Mundraum in allen drei Raumebenen in seiner natürlichen Entwicklung behindert wird, denn bei der Mundatmung entfernt sich, abgesehen von Veränderungen der Belüftungsverhältnisse, die Zunge von ihrer optimalen Position am Gaumen, und damit geht ein wichtiger funktioneller Stimulus für das Breiten- und Längenwachstum des Kiefers verloren. Zudem legt sich die Zunge bei der Mundatmung meist entweder vorn oder seitlich zwischen die Zähne und verhindert das Höhenwachstum dieser zahntragenden Kieferbereiche. Gute Belege für diese Vermutungen geben Neugeborene, die ohne Zunge zur Welt kommen und dadurch extrem schmale und kurze Kiefer entwickeln.

Wahrscheinlich werden also durch die Mundatmung Wachstumsstörungen verursacht, die zu mehreren gravierenden Fehlentwicklungen der Kiefer führen können (Kieferkompression, frontal offener Biss). Solche ungünstigen “biomechanischen” Vorgaben verlangen natürlich von den Muskeln und Gelenken ein hohes Maß an funktioneller und struktureller Anpassung. Es ist leicht zu erkennen, dass dieser Sachverhalt unter ungünstigen Voraussetzungen ebenfalls durch Erschöpfung der natürlichen Anpassungsressourcen zu Gelenk- und Muskelschmerzen führen kann. Man stelle sich einmal einen Erwachsenen auf einem Kinderfahrrad vor und vergleiche diese nun extrem veränderte und belastende "Biomechanik" mit der Situation in einem Kiefersystem, das durch Wachstumsstörungen seine optimalen biomechanischen Zuordnungen verloren hat.

Wie kann man sich nun die Entstehung einer Mundatmung vorstellen?

Viele Kinder müssen heutzutage mit Allergien leben, die dazu führen, dass die Nasenschleimhaut anschwillt, die Polypen und die Mandeln sich vergrößern. Dadurch wird die normale Nasenatmung behindert. Die Allergien können durch Reaktionen auf Umweltbelastung (Hausstaub, Pollen, Emissionen jeglicher Art) entstehen, aber auch Zeichen für die Unverträglichkeitsreaktion gegen Hunderte von Substanzen sein, die unser tägliches Leben oft zwangsläufig begleiten (Früchte, Milch- und Mehlprodukte oder andere Nahrungsmittel). Auf dieser Basis entsteht eine chronische Rhinitis (Nasenschleimhautentzündung). Sie zwingt den Betroffenen, einen Großteil des Sauerstoffs durch den Mund und nicht durch die Nase aufzunehmen, wie von der Natur eigentlich vorgesehen. Das kann außer den bereits erwähnten Schmerzproblemen noch vielerlei andere Nachteile mit sich bringen. Die Luft wird nicht befeuchtet, nicht aufgewärmt und nicht von Staubpartikeln gereinigt. Dies löst zusätzlich andere Atemwegserkrankungen, Mittelohrentzündungen und zahlreiche Infektionen aus.

ALLERGIEN, häufig die Ursache für Mundatmung

KÖRPERHALTUNG

Idealerweise steht der Mensch von der Seite betrachtet senkrecht im Lot (Abb 11). Der Mittelpunkt des Kopfes, von der Seite gesehen also der Gehörgang, liegt über den Schultergelenken, den Hüftgelenken und dem Sprunggelenk. In der Vorderansicht sollten Augenebene und Ohrebene horizontal liegen, ebenso wie der Schulter- und Hüftgürtel. In diesem Idealzustand braucht der Organismus aus biomechanischer Sicht ein Minimum an Energie, um im Gleichgewicht

IDEALE KÖRPERHALTUNG, aus biomechanischer Sicht optimal

zu bleiben. Vielfach sieht die Realität allerdings so aus, dass wir uns aufgrund einseitiger Haltungsgewohnheiten, die häufig bereits im Schulalter entstehen und sich dann beim Erwachsenen in Arbeits- bzw. Berufshaltungen fortsetzen, von diesem Idealzustand immer weiter entfernen, und das in verschiedenen Ebenen.

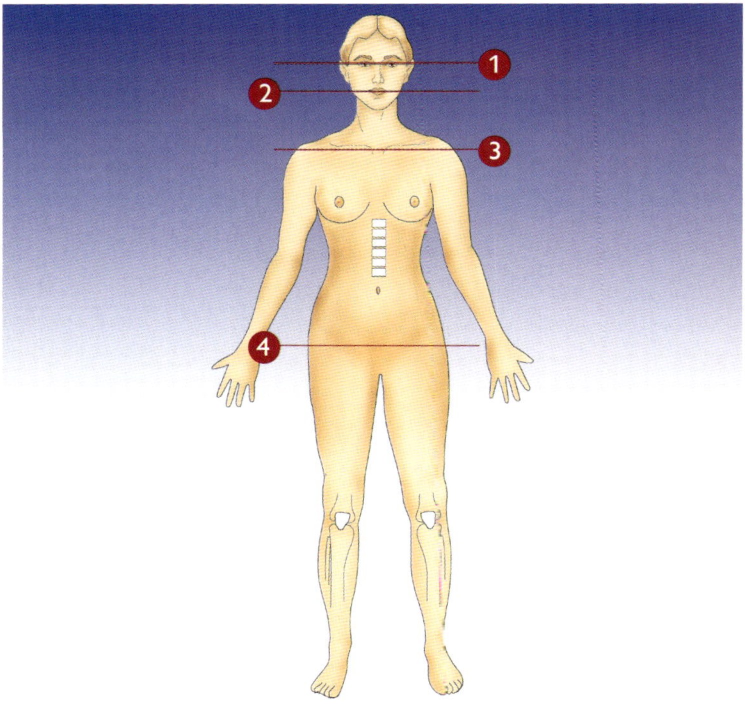

ABB. 11:
Die ideale Körperhaltung sollte von vorn gesehen ohne Abweichungen der Körperebenen zur Horizontalen bestehen: Augenebene ❶, Bissebene ❷, Schultergürtelebene ❸, Hüftebene ❹.

Haltungsstörung in der Frontalansicht (Frontalebene)

Wenn man einen Menschen von vorn oder von hinten betrachtet, fällt recht häufig auf, dass die Schultern nicht auf gleicher Höhe gehalten werden. Wie bei den anderen Störungen der Körperhaltung sind sich diese Menschen dieser Tatsache normalerweise nicht bewusst, bis sie darauf aufmerksam gemacht werden. Sie wissen nur, dass sie sehr häufig Nacken- oder Schulterschmerzen haben. Das ist auch nicht verwunderlich, denn eine solche Haltung kann

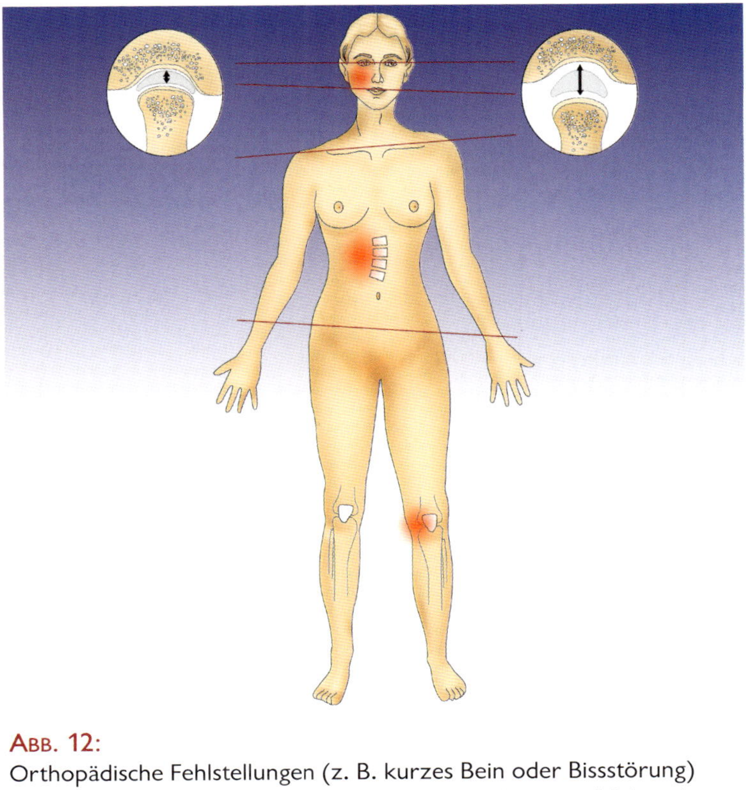

ABB. 12:
Orthopädische Fehlstellungen (z. B. kurzes Bein oder Bissstörung) können, unabhängig von ihrem Ursprung, eine Reihe nachfolgender Haltungsänderungen auslösen. Diese erstrecken sich unter Umständen über die gesamte Körperstatik.

nur, wenn auch unbemerkt, mit einer chronisch deutlich erhöhten Muskelverspannung aufrechterhalten werden. Durch ständiges einseitiges Tragen schwerer Gegenstände (Handtaschen, Schultaschen) kann man sich auf Dauer eine solche Schiefhaltung antrainieren.

Vielleicht fällt bei einer solchen Betrachtung auch auf, dass ein Mensch den Kopf leicht gedreht hält. Dies kann auch ganz banal durch eine einseitige Seh- oder Hörminderung verursacht sein, die den Betroffene dazu zwingt, den Kopf so zu orientieren, dass er besser sieht oder hört.

HALTUNGSSTÖRUNGEN überfordern oft das neuromuskuläre System

Da die Bewegungsmuskulatur aber zum Teil zwischen dem Schädel und dem Thorax ansetzt, kann eine veränderte Lage des Schädels zum Thorax kaum ohne Auswirkung auf die Kaumuskeln bleiben. In ungünstigen Fällen kann so eine CMD oder eine Kiefergelenksfehlbelastung und -erkrankung entstehen.

Bei einer Rückgratverkrümmung (Skoliose) kommt es ebenfalls über "muskuläre Kettenreaktionen" zu Haltungsänderungen im Bereich der Halswirbelsäule und der Kopfgelenke, verursacht durch das Bemühen des Körpers, sein Gleichgewicht zu halten und die Augenebene gerade auszurichten.

Haltungsstörungen in der Seitenansicht (Sagittalebene)

Zu den häufigsten Fehlstellungen gehört die Kopfvorhaltung. Die plausibelste Erklärung für solche manifesten Haltungsänderungen ist ein Ungleichgewicht in der verantwortlichen Haltemuskulatur, das durch vielerlei Einflüsse ausgelöst oder verstärkt werden kann. So nimmt man an, dass die Kopfvorhaltung auch durch die Mundatmung entstehen kann; denn die Atemwege im Rachenbereich sind weiter geöffnet, wenn der Kopf ein wenig nach hinten geneigt, also die Krümmung der Halswirbelsäule etwas verstärkt wird. Da wir aber unseren Augenhorizont oder den "Geradeausblick" wahren müssen, wird die gesamte Halswirbelsäule zusätzlich nach vorn geneigt. Auf diese Weise soll eine verstärkte Krümmung des Nackens (Hyperlordose) mit Kopfvorhaltung entstehen. Dass eine solche Haltungsstörung zu Verspannungen der Nackenmuskulatur führen kann, ist einleuchtend, denn diese muss jetzt dauerhaft viel mehr Gewicht tragen als bei normaler Stellung des Kopfes. Die Muskulatur, die unter dem Unterkiefer und im vorderen Halsbereich liegt, wird dabei gewissermaßen "überdehnt" und verspannt sich ebenfalls. Dadurch kann in entscheidenden Entwicklungsphasen das Längenwachstum der unteren Zahnreihen beeinflusst werden. Die dadurch ungünstig veränderten biomechanischen Zuordnungen sind mitunter ihrerseits wieder Quelle für später folgende Überlastungen in den Kiefergelenke, mit den oben schon beschriebenen Folgen. Es ist so am Beispiel der Mundatmung besonders einleuchtend, dass vermeintlich lokale Angelegenheiten oft eine ganze Kette von Veränderungen nach sich ziehen können und eigentlich nicht vermutete komplexe Risikofaktoren darstellen.

FEHLHALTUNGEN können sich gegenseitig beeinflussen

Eine Kopfvorhaltung treffen wir aber auch oft bei Menschen an, die keine Mundatmer sind. Das viele Sitzen an Schreibtischen, ja überhaupt an Tischen in vornüber gebeugter Haltung, vor dem Computer oder auch am Telefon, dürfte hier eine große Rolle spielen, denn durch immer wiederkehrende Körperpositionen können wir unserem Körper bestimmte Haltungsmuster regelrecht antrainieren.

Aufsteigende und absteigende Störungen

Dies führt uns zur Betrachtung von "fernausgelösten" Störungen des Kausystems. Selbst eine Beinlängendifferenz, sei sie funktionell durch ungleiche Fußgewölbe oder eine Verwringung des Beckens entstanden, oder auch anatomisch, wenn die Beinknochen links und rechts nicht die gleiche Länge haben, kann solche chronische Haltungsänderungen über Becken, Lendenwirbelsäule, Brustwirbelsäule, Schultergürtel und Halswirbelsäule bis in das Kausystem "durchschlagen" lassen und das Entstehen einer CMD begünstigen.

Diese Art von Wechselwirkung, von unten nach oben gerichtet, nennt man "aufsteigende Läsionen". Die Anpassungen und Störungen im System pflanzen sich von unten nach oben fort.

Man muss aber auch an den umgekehrten Fall denken, etwa dass das Problem zuerst im Kausystem als eine CMD lokalisiert ist, wie bei der schon erwähnten Mundatmung oder einer ungünstigen Einstellung der Bisslage, und dann Etage um Etage seine krankmachende Wirkung nach unten entfaltet. Diese Art von Wechselwirkung von oben nach unten nennt man "absteigende Läsionen".

Adaptation

Die Fähigkeit unseres Körpers, sich an eine veränderte Bisslage, Schulter- oder Beckenhaltung anzupassen, ist prinzipiell etwas ganz Besonderes. Die Natur hat uns mit einem ausgeprägten Talent ausgestattet, auf Veränderungen der Umwelt oder unseres Körpers durch funktionelle oder strukturelle Anpassung (Adaptation) zu reagieren und diese Störungen zu kompensieren. Dies gelingt bei den meisten Menschen auch lebenslang mit recht gutem Erfolg. Aber in manchen Situationen können diese adaptiven Kapazitäten vorübergehend oder anhaltend überfordert oder erschöpft sein. Es kommt zur Dekompensation, in der Schmerzen als Warnzeichen auftreten und die strukturelle Integrität in Gefahr gerät. Ein Mensch mit sehr geringer Adaptionsfähigkeit wird bei entsprechender Belastung wesentlich schneller die Symptome der CMD erfahren, als wenn er eine hohe adaptative Reserve besitzt.

GEWALTEINWIRKUNG (TRAUMA)

SCHLEUDERTRAUMA kann Auslöser einer CMD sein

Auslöser für eine Craniomandibuläre Dysfunktion können auch unterschiedliche Formen von Gewalteinwirkung sein.

Wenn durch eine Intubationsnarkose oder einen zahnärztlichen Eingriff eine sehr weite oder sehr langanhaltende Mundöffnung notwendig wird, dann können die Kaumuskeln und betroffene Bandstrukturen (in und um die Kiefergelenke) überdehnt werden. Falls schon vorher eine unauffällige Gewebeschädigung vorlag, kann sich durch eine solche Einwirkung von außen eine akute CMD mit allen möglichen Komplikationen einstellen.

Häufig sind heutzutage auch durch Autounfälle verursachte Schleudertraumen, bei denen der Kopf gewaltsam beschleunigt und verzögert wird. Nicht nur die Wirbelsäule oder die Kopf- und Nackenmuskulatur wird dabei häufig verletzt, auch das Kiefergelenk und die Kaumuskulatur können stark in Mitleidenschaft gezogen werden. Nach dem Unfall nehmen aber oft die Halssymptome und andere Nebenwirkungen die gesamte Aufmerksamkeit in Anspruch. Deshalb wird leider zu wenig auf die Auswirkungen auf das Kausystem geachtet, obwohl im Schleudertrauma, wie natürlich bei allen direkten Kiefergelenkstraumen auch, ein hohes Risikopotential für die Entstehung einer CMD liegt.

Schlechte Gewohnheiten mit den Zähnen wie das anhaltende Kauen auf einem Pfeifenmundstück, Nägelbeißen oder ähnlicher, ständig wiederkehrender Missbrauch des Kauapparats sind ebenfalls Risikofaktoren für die Entwicklung einer CMD.

Systemische Erkrankungen und CMD

Muskulatur

Muskelschmerz, auch Symptom systemischer Erkrankungen

Eine Craniomandibuläre Dysfunktion mit muskulären Schmerzsymptomen im Kopfbereich kann auch Teil einer generalisierten Muskelerkrankung sein, wie etwa der Fibromyalgie. Bei diesem Schmerzsyndrom (somatoforme Störung) finden sich über den ganzen Körper verteilt druckschmerzhafte Muskelpartien. Diese Erkrankung ist nicht lebensbedrohlich und führt auch zu keiner sichtbaren strukturellen Veränderung, aber sie belastet die Betroffenen sehr durch die kontinuierliche Tag und Nacht anhaltende Schmerzsymptomatik. Die Ursachen dieser Krankheit sind noch unklar, aber es werden Stoffwechselprobleme, neurokrine Störungen, Fehlfunktion der endogenen Schmerzhemmung oder psychische Faktoren als Ursache vermutet. Eine ursächliche Therapie ist derzeit nach Kenntnisstand der Autoren nicht möglich, allerdings bringen bestimmte Maßnahmen wie Schienentherapie, Physiotherapie, Massage, physikalische Anwendungen sowie Psychotherapie oft eine deutliche Linderung des Beschwerdebildes. Außerdem scheint sich diese Erkrankung im Alter abzumildern und nicht, wie andere chronische Leiden, zu verschlimmern.

Kiefergelenke

Zahlreiche Allgemeinerkrankungen wie Polyarthritis oder Gicht lösen Symptome im Bereich der Kiefergelenke aus, sind aber meistens an vielen anderen Gelenken ebenfalls nachweisbar. Hier hat nur eine allgemeinärztliche Behandlung Aussicht auf Erfolg, und der Zahnarzt kann gelegentlich begleitend helfen, indem er lokal die Kiefergelenke entlastet.

CMD und Schmerz

CHRONISCHER SCHMERZ kann Schmerzgedächtnis prägen

Wenn man über lange Zeit Körpergewebe wie Muskeln oder Gelenke belastet, können sich bei entsprechender Disposition akute Schmerzzustände einstellen. Diese entstehen durch Stoffwechselkrisen (in der Regel Sauerstoffmangel) im Gewebe, bei denen schmerzverursachende Substanzen freigesetzt werden. Tritt eine Pause in der Belastung ein, verschwindet der Schmerz in aller Regel wieder. Dies ist die gute Nachricht.

In vielen Fällen allerdings leiten lang anhaltende Schmerzzustände (in seltenen Fällen reicht schon ein einmaliges Ereignis) eine Chronifizierungskaskade ein, die vermutlich ganz anderen Gesetzmäßigkeiten gehorcht. Hierbei kann es auf unterschiedlichem Niveau bis in die höchste Ebene des zentralen Nervensystems zu bleibenden Veränderungen von Nervenzellen kommen, die an der Reizverarbeitung beteiligt sind. Man bezeichnet dies als “Neuroplastizität”. Diese Veränderungen (Sensibilisierung) können dazu führen, dass nun schon bei physiologischen Reizen Schmerzsignale von den sensibilisierten Nervenzellen weitergegeben werden. Das bedeutet, der Schmerz hat seine eigentliche Warnfunktion und den linear-kausalen Zusammenhang mit dem peripheren “Schmerzverursacher" verloren.

Glücklicherweise folgen nicht alle “chronischen Schmerzen” diesem Schema. Das liegt daran, dass die Nomenklatur für chronische Schmerzen nicht berücksichtigt, dass es die eben beschriebene Form der Chronifizierung gibt und eine andere Form, bei der es über lange Zeiträume ohne solche gravierenden plastischen Veränderungen zu immer wiederkehrenden gewissermaßen akuten Schmerzattacken kommt. Beide Formen werden als chronische Schmerzerkrankungen bezeichnet. Dies bedeutet für die Praxis, dass man im Rahmen der Befunderhebung sehr sorgfältige Schmerzanamnesen durchführen sollte, um Anhaltspunkte für den entsprechenden Verlauf der Erkrankung und die davon abhängige Prognose zu gewinnen.

Psychische Faktoren

Wesentliche Risikofaktoren für die Entstehung der CMD werden auch im Bereich psychomotorischer Zusammenhänge vermutet.

STRESS

Menschen, die unter chronischem psychischen Stress leiden, die dauernd in Sorge um ihre Arbeitsstelle, ihre Finanzen oder ihre Familie leben, zeigen oft auch eine erhöhte Basismuskelaktivität. Besonders betroffen ist der Bewegungsapparat im Sinne einer vermehrten Aktivierung der Körpermuskulatur, insbesondere auch der Kau- und Kopfmuskulatur. Dies sind zweifellos entwicklungsgeschichtliche Belastungen, vor allem Primaten zeichnen sich durch ein umfangreiches mimisches Repertoire in Stress-Situationen aus. Die Natur hat uns zwar offensichtlich so geprägt, dass wir die Kiefermuskulatur unwillkürlich anspannen, wenn Gefahr droht. Nur fehlt uns heutzutage meistens die kurzfristige Entladung der Anspannung in Form von Angriff oder Flucht (wie im Tierreich). Zudem sind emotionale Belastungen oft keine kurzfristigen Ereignisse, deshalb bleibt die Kaumuskulatur dauerhaft aktiv.

PRIMATEN zeichnen sich durch ein umfangreiches mimisches Repertoire in Stress-Situationen aus

In einem solchermaßen "sensibilisierten" System können nun auch durch geringe äußere Störquellen wie minimale Störkontakte an den Zähnen oder Lageveränderungen des Unterkiefers "Parafunktionen" ausgelöst werden (siehe auch Frühkontakte, S. 19), die sich durch unbewusstes Pressen oder Knirschen (Bruxismus) auf den Zahnreihen auszeichnen. Diese Aktivitäten können sowohl bei Tage als auch während des Schlafs beobachtet werden. Nicht alle diese Press- und Knirschaktivitäten sind allerdings durch solche Zusammenhänge zu erklären. So werden unter anderem auch Ursachen in Stoffwechselstörungen der zuständigen motorischen Nervenzellen oder in “Erregungsreaktionen” (arousal responses) des Zentralnervensystems vermutet.

Das Pressen

Beim Pressen werden die Zahnreihen kraftvoll durch die großen Kaumuskeln (Musculus masseter, Musculus pterygoideus medialis, Abb. 9 und 10) zusammengepresst, ohne dass eine wesentlich größere Bewegung stattfindet. Das ist häufig bei Gesprächspartnern zu beobachten, wenn an den Wangen rhythmisch kleine Muskelareale hervortreten. Wenn diese Aktivität über lange Zeit anhält, können diese Muskelpartien auch dauerhaft an Volumen zunehmen (Hypertrophie).

Das Knirschen

Eine andere Form dieser Parafunktionen ist das Reiben oder Knirschen der Zahnreihen aufeinander. Dabei entwickelt jeder Patient ein eigenes Bewegungsmuster und kann sich oft massive Abrasionsspuren in die Zahnsubstanz eingraben. Aktivster Muskel bei dieser Art von Bewegungen ist der Schläfenmuskel (Musculus temporalis, Abb. 9). Dort werden dann oft auch die stärksten Schmerzen beim chronischen Verlauf der Beschwerden gespürt (Schläfenkopfschmerz).

Die Behandlung der CMD

Die zahnärztliche Untersuchung

Die Vorgeschichte

Wenn ein Patient mit Beschwerden wie Kopf- oder Gesichtsschmerzen die Praxis aufsucht, wird er zuerst ausführlich befragt (schmerzbezogene Anamnese). Damit versucht der Behandler, erste wichtige Hinweise über die Entstehungsgeschichte dieser Erkrankung zu bekommen. Fragen über den Auslöser oder den Beginn der Schmerzen führen recht häufig zu einer ersten Verdachtsdiagnose. Diese wird dann in einer ausführlichen Untersuchung bestätigt, ergänzt oder korrigiert.

Die wichtigsten Fragen sind wie folgt:

Welcher Natur genau sind die Symptome?

Was?
Wo?
Wie?

Wann fingen Ihre Symptome an?

Wenn sie plötzlich beim Gähnen, Kauen oder nach einem Autounfall anfingen, dann kann man schnell daraus schließen, dass hier eine traumatisierende Belastung auf die Kiefergelenke oder die Muskulatur stattgefunden hat. Wenn zu Beginn der Erkrankung gleichzeitig eine psychisch belastende Lebenssituation eintrat, dann liegt die Vermutung nahe, dass hier vielleicht psychomotorische Aspekte im

Vordergrund stehen. Haben die Schmerzen erst eine kurze Anamnese, dann ist die Prognose gut und die Heilung sehr wahrscheinlich. Dauern sie schon Wochen oder Monate, dann besteht wenig Hoffnung auf eine schnelle Linderung.

Wodurch erreichen Sie Linderung oder eine Verschlechterung?

Falls Wärme, Ruhe oder Entspannung eine schnelle Verbesserung herbeiführen, handelt es sich in der Regel um muskuläre Veränderungen. Wirkt Kälte über dem Kiefergelenk lindernd, kann eine akute Entzündung der Kapsel vorliegen. Wenn Kauen die Schmerzen auslöst oder verschlimmert, liegt oft eine komplexe CMD vor, die sowohl durch Muskulatur als auch Gelenkstrukturen verursacht ist.

Unter welchen sonstigen Beeinträchtigungen leiden Sie noch?

Anhand eines kleinen psychometrischen Fragebogens (GCPS, siehe Anhang S. 94, RDC), der schon im Wartezimmer vom Patienten ausgefüllt werden kann, lässt sich ohne großen Zeitaufwand sehr verlässlich der Leidensdruck des Patienten ermitteln. Diese Information ist außerordentlich wichtig im Hinblick auf den weiteren Untersuchungsverlauf und daher ein unerlässlicher Bestandteil einer fachgerechten Schmerzanamnese. Symptombögen (siehe Anhang S. 88) oder Adjektivlisten zur Beschreibung der Schmerzqualität können zusätzlich hilfreich sein.

Kennzeichnung aller schmerzhafter Regionen in einem Ganzkörper-Schema (Vorder- und Rückseite)

Mit Hilfe eines solchen Körperschemas kann man oft schon auf den ersten Blick die komplexen Zusammenhänge des vorliegenden Krankheitsbildes erfassen. Wenn nur Lokalisationen über der Kaumuskulatur und dem Nacken angegeben sind, ist die Prognose in aller Regel günstig. Verteilen sich die schmerzhaften Stellen, wie etwa bei der Fibromyalgie, über den ganzen Körper, besteht wenig Aussicht auf umfassende Schmerzbeseitigung. Eine gründliche

Anamnese kann häufig schon erstaunlich tiefe Einblicke in das Wechselgeschehen bei Schmerzen gestatten.

Die Untersuchung des Patienten (klinische Diagnostik)

Wenn man sich ein erstes Bild vom Gesamtzustand und von der Vorgeschichte des Patienten gemacht hat, folgt nun die manuelle Untersuchung mit oder ohne Hilfsmittel. Im folgenden ein kleiner Überblick über die geläufigsten Techniken, die angewendet werden.

Muskulatur

Der Arzt sucht mit den Fingerspitzen die verschiedenen Kau- und Kopfmuskeln auf empfindliche Druckpunkte ab. Findet er einen solchen "Triggerpunkt", kann er von dort aus oft Schmerzen an ganz anderen Körperstellen auslösen.

Triggerpunkte, kleine druckschmerzhafte Verhärtungen der Muskulatur

Triggerpunkte sind kleine druckschmerzhafte Verhärtungen in der Muskulatur, die bei Aktivierung den lokalen Schmerz auch in andere Muskeln und tiefliegende Gewebe übertragen können (siehe Anhang S. 96, Triggerpunkte).

Ein Triggerpunkt an der Schläfe kann in Richtung Ohr ausstrahlen und Ohrenschmerzen simulieren oder gar den Schmerz in die Augenregion oder auf die Oberkieferzähne übertragen und so in die Irre führen. Findet man eine festgelegte Anzahl solch schmerzhafter Stellen in vorgeschriebenen Muskelarealen, ist die Diagnose "CMD mit muskulärem Schmerz" gesichert. Sehr häufig finden sich diese schmerzhaften Stellen in den Schläfen- und Kaumuskeln.

Kiefergelenke

Mit den Fingerspitzen kann man die Druckempfindlichkeit der Kiefergelenke dicht vor den Gehörgängen ertasten. Kann der Untersucher dort Schmerzen auslösen, liegt in der Regel eine Entzündung der Gelenkkapsel vor, und die Diagnose "CMD mit Kiefergelenksentzündung" wird wahrscheinlich. Treten nur Knack- oder Reibegeräusche bei Mundöffnungsbewegungen auf, liegen Verschleißerscheinungen und/oder eine Verlagerung der Gelenkscheibe (Discus articularis, Abb. 8) vor.

Durch erweiterte Untersuchungsverfahren, die Gelenkspieltechniken, kann der Arzt die Befunde noch sehr genau gewebespezifisch präzisieren (siehe Anhang S. 91, Gelenkspieltechnik).

Mundöffnung

Die Mundöffnung sollte etwa drei Fingerbreiten möglich sein; im anderen Fall liegen muskuläre oder gelenkbedingte Öffnungseinschränkungen vor. Öffnet der Patient den Mund zu einer Seite oder S-förmig, dann ist die freie Beweglichkeit der Kiefergelenke oder eines Gelenks phasenweise behindert. Hier ergänzt in der Regel der Kiefergelenksbefund die Diagnose.

Zähne und Bisslage

Störungen der Okklusion können CMD begünstigen

Erscheinen die Zähne abgenutzt, gesplittert oder eingekerbt, hat man deutliche Hinweise auf übermäßigen Verschleiß durch abnorme Funktion der Zähne (Parafunktion). Sind Zahnwanderungen oder -lockerungen eingetreten, dann muss nicht unbedingt eine Parodontitis die Ursache sein. Starke horizontal gerichtete Kräfte durch Knirschen auf den Zähnen können ebenfalls eine Verschiebung ganzer Zahnsegmente bewirken. Die Oberkieferfrontzähne wandern immer weiter nach vorn, und dabei öffnen sich immer größere Lücken.

Wenn der Arzt bei der Untersuchung feststellt, dass Zähne keinen antagonistischen Kontakt im Seitenzahnbereich haben, wie dies oft bei Prothesenträgern zu finden ist, die selten zu Nachuntersuchungen erscheinen, dann kann dies Quelle für erhebliche Fehlbelastungen der Kiefergelenke sein, die nun die Stützfunktion der Backenzähne übernehmen müssen.

Nervus trigeminus

Wichtiger Hinweis auf Überreizung von wichtigen Nervenbahnen des Kopfes sind druckempfindliche Austrittspunkte des Nervus trigeminus über den Augenbrauen, unter dem Auge und unterhalb der Unterkiefer-Prämolaren. Der Trigeminus versorgt mit seinem sensiblen Anteil auch das Gesicht, die Augen, Mund- und Nasenschleimhaut, Kiefergelenk, vorderes Drittel der Zunge sowie die Zähne und mit dem kleineren motorischen Anteil die Kiefermuskulatur (siehe Anhang S. 95, Nervus trigeminus).

Körperhaltung

Bei einer ganzkörperlichen Statik-Untersuchung kann man Haltungsprobleme erkennen und sich ein Bild über Risikofaktoren und notwendige Begleittherapien durch Co-Therapeuten verschaffen.

Wichtiger Parameter für die Kopfhaltung sind Ausmaß der Drehung, Kippung und Neigung des Kopfes. Liegen hier wesentliche Einschränkungen vor, so kann dies auch mit der CMD Wechselwirkungen auslösen und die Therapie negativ beeinflussen.

Kopfvorhaltung, Kopfneigung, Schultertiefstände oder Beckentiefstände liefern ebenfalls Hinweise auf strukturelle Veränderungen und Risikofaktoren, die von manchen Autoren, wie z.B. die Skoliose, sogar mit Verlagerungen des Unterkiefers im Sinne eines Kreuzbisses in Verbindung gebracht werden.

Untersuchung mit Geräten (Intrumentelle Diagnostik)

Ein Überblick über die weiterführende instrumentelle Diagnostik ist im Anhang, S. 91, nachzulesen.

Diagnose

Diagnosen wie "Myoarthropathie", "Kiefergelenkserkrankung" oder "Craniomandibuläre Dysfunktion" bedeuten, dass hier ein Symptomenkomplex vorliegt und keine monokausale Erkrankung. Der Befund kann also ergänzt werden im Sinne von: mit überwiegend "muskulärer" oder "arthrogener" Komponente. In jedem Falle ist festzuhalten, ob es sich um eine schmerzhafte Form der CMD handelt (dies ist nicht selbstverständlich, denn Arthrose und Diskusverlagerungen können auch ohne jeden Schmerz vorhanden sein). Auch ist es interessant zu vermerken, was als wesentliche Ursache oder Auslöser vermutet wird. Von besonderem klinischen Interesse ist vor allem aber, den schmerzassoziierten Beeinträchtigungsgrad des Patienten (siehe Anhang S. 94, RDC) mit Hilfe eines psychometrischen Tests zu dokumentieren.

Differenzialdiagnose, nicht jede CMD verursacht Schmerzen

Aufklärung

Besonders wichtig ist es bei der Therapie der Craniomandibulären Dysfunktion, den Patienten über die Ursachen, die Zusammenhänge und die Therapiemöglichkeiten aufzuklären. Wenn man versteht, woher der Schmerz kommt, kann man die auslösenden Faktoren vermeiden lernen und Vorsorge betreiben. Außerdem ist eine wirklich sinnvolle Therapie erst dann möglich, wenn die Wechselspiele des Schmerzgeschehens hinlänglich aufgedeckt sind.

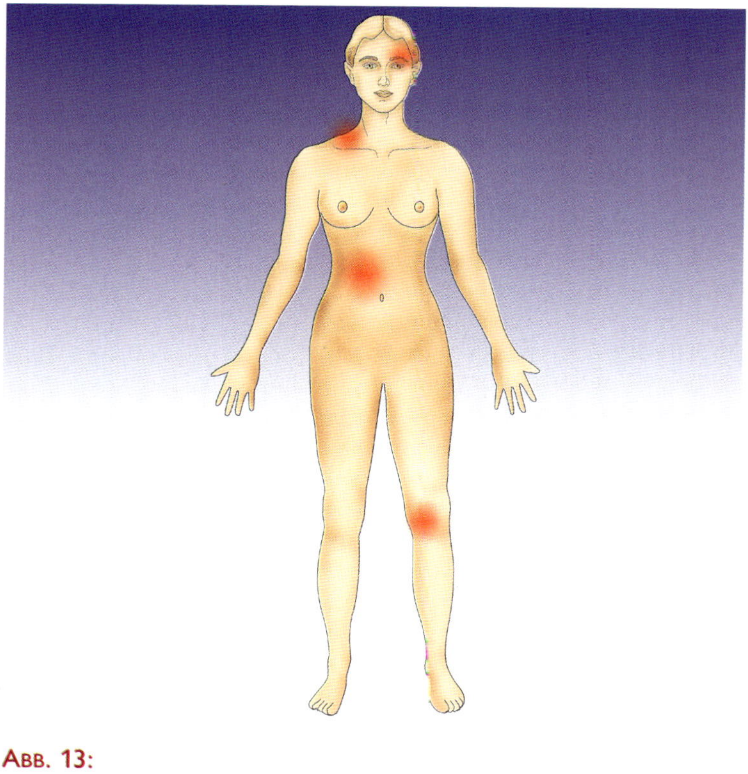

ABB. 13:
Die Schemazeichnung aller schmerzhaften Regionen gibt einen Überblick über das Ausmaß der Schmerzerkrankung im Rahmen der somatischen Befunderhebung (Achse I)

Nehmen wir zum Beispiel das Pressen und Knirschen: Solche Parafunktionen kann man über größere Zeiträume ausüben, ohne dass sich subjektiv wesentliche Beschwerden einstellen. Dennoch kann aber die Muskulatur so stark belastet sein, dass nur ein weiterer Risikofaktor wie weites Gähnen oder eine psychische Stressphase ausreicht, um eine akute Schmerzattacke auszulösen. Ebenso ist es möglich, dass bestimmte Zähne, wenn der Zahnschmelz erst einmal abradiert ist, recht empfindlich werden und nun beim Kauen vermieden werden. Dies kann wiederum zu den beschriebenen

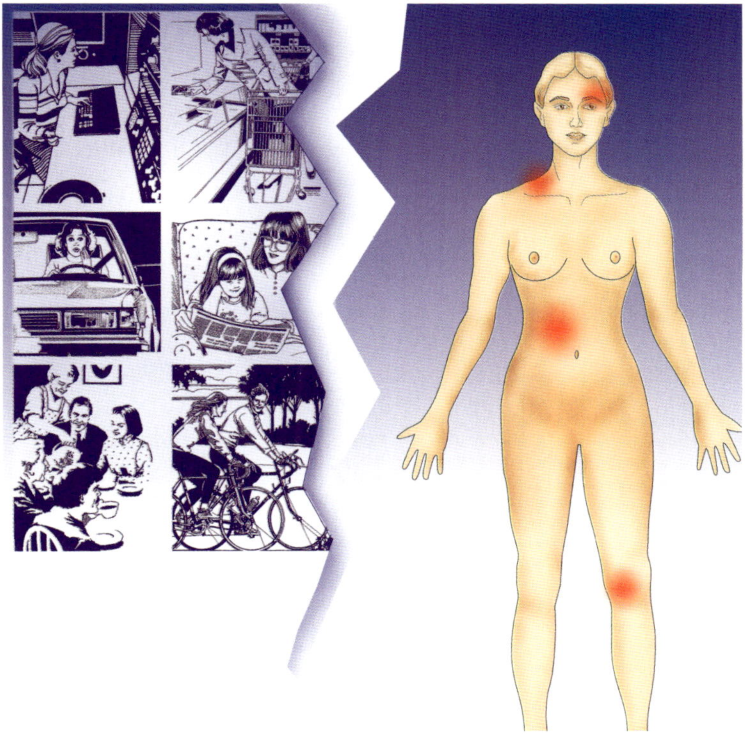

ABB. 14:
Psychosoziale Beeinträchtigungen, wie z.B. zunehmende Isolation des Schmerzkranken, lassen sich nur durch psychometrischen Instrumente erfassen (Achse II)

Funktionsveränderungen und letztlich zur lokalen Überlastung von Muskelpartien führen.

Deshalb ist es wichtig, diese Parafunktionen so weit wie möglich durch Selbstbeobachtung abzustellen. Wenn sie durch chronische Muskelverspannungen aufgrund einer Fehlbissstellung unterstützt werden, muss man diese mit einem Aufbissbehelf korrigieren. Der geringste Nutzen, den man hier von einer Aufbissschiene in jedem Falle erwarten kann, besteht darin, dass der Abrieb nunmehr nicht auf den Zähnen, sondern auf dem Kunststoff stattfindet, der leicht wieder ersetzt werden kann.

HILFESTELLUNG ZUR SELBSTHILFE, erstes Gebot der Aufklärung

Schlechte Haltungsangewohnheiten findet man nicht selten bei der Bildschirmarbeit. Aber es gibt auch viele andere Berufe, bei denen die Gefahr zu einseitigen Haltungsmustern sehr groß ist. Im Privatleben kennen wir unzählige schädliche Gewohnheiten, wie das einseitige Tragen von Schultertaschen, das Einklemmen des Telefonhörers mit der Schulter, einseitige Haltungen beim Lesen oder Fernsehen oder das gewohnheitsmäßige Festhalten von Dingen mit den Zähnen.

Wenn stereotype einseitige Belastungen bei körperlicher Arbeit oder zu Hause vorliegen, sollten diese regelmäßig (etwa alle 30 Minuten) mit entsprechenden Ausgleichsübungen kompensiert werden. Dabei ist es besonders wichtig, die Muskeln zu strecken, die bei der Arbeit dauernd verkürzt gehalten werden. Schon regelmäßiges Strecken und Recken der Arme über den Kopf, während dieser zurückgerollt wird, kann viel bewirken. Wenn die Arme ständig vor dem Körper gehalten werden, verkürzen sich im Laufe der Zeit die Brustmuskeln. Den Brustkorb kann man dann regelmäßig wieder öffnen, indem man sich mit den Armen an den Ellenbogen in einem Türstock einhakt. Am wirksamsten ist diese Übung, wenn die Oberarme dabei waagerecht und die Unterarme senkrecht nach oben zeigen.

Wichtig ist in jedem Fall, anhaltend stereotype Tätigkeit ohne Pause zu vermeiden. Haben sich die schlechten Haltungsgewohnheiten im Laufe von Jahren eingeschliffen, so ist ein Besuch bei einem Manualtherapeuten unbedingt zu empfehlen, der durch gezielte Lockerung der chronisch verspannten Muskelpartien ein neues Gleichgewicht schafft, das man dann durch Kräftigungsübungen und eine Änderung des Lebenswandels unterstützen und stabilisieren sollte.

Überempfindliche Zähne, eine ungünstige Zahnstellung oder Abweichungen in der Kauebene, der Ebene, in der die Zähne aufeinanderbeißen, können zur Bevorzugung einer Seite beim Kauen führen. Dies kann ebenfalls zu Überlastungssymptomen an den Zähnen, der Muskulatur und den Kiefergelenken führen.

Selbstbeobachtung kann CMD vorbeugen

Auch übermäßiges Kaugummikauen zählt zu Aktivitäten, die dazu angetan sind, den Kauapparat zu überlasten. Es sollte bei bereits vorhandener CMD, außer in Fällen, wenn dies gezielt zur Stärkung der Kaumuskulatur vom Zahnarzt empfohlen wurde, vermieden werden.

Eine regelmäßige zahnärztliche Untersuchung schon ab dem Kleinkindalter ist ebenfalls eine gute Vorsorge zur Vermeidung von Fehlfunktionen der Kiefer. Nicht nur die Karies-Vorsorge sollte hier berücksichtigt werden; auch die kieferorthopädische Prophylaxe, also die frühzeitige Kontrolle, ob sich die Einstellung der Bisslage störungsfrei vollzieht, ob sich schädliche Gewohnheiten einschleichen, die mit einer gesunden Gebissentwicklung interferieren, muss ernst genommen werden.

Weiterhin sollte man extrem lang anhaltende, weite Kieferöffnungen bei Zahnbehandlungen nach Möglichkeit vermeiden, um die Bänder und Muskelfasern nicht allzusehr zu strapazieren.

Ganz wesentliche Prophylaxe ist auch eine gute geistige Hygiene im Sinne eines psychosozialen Wohlbefindens. Damit kann der Mensch alle psychischen Stressphasen möglichst ohne Krisen (Dekompensation) überstehen.

Interdisziplinärer Ansatz

Wenn akuter Schmerz in den Kiefergelenken oder der Kaumuskulatur auftritt, kann man oft mit einfachen zahnärztlichen Maßnahmen Abhilfe schaffen. Von chronischem Schmerz spricht man in der Regel, wenn das anhaltende oder intermittierende Schmerzgeschehen länger als sechs Monate dauert. Diese wie gesagt, nicht sehr glückliche Einteilung ist nur insofern hilfreich, als sie den Zeitpunkt bestimmt, an dem eine umfassende schmerzbezogene Anamnese und Befunderhebung durchgeführt werden müsste. Aber die klinische Erfahrung zeigt, dass es zweckdienlich ist, auch bei jedem vermeintlich akuten Schmerzpatienten mit Verdacht auf eine CMD eine schmerzbezogene Diagnostik (siehe Anhang S. 94, RDC) durchzuführen. Einerseits schult der Untersucher seinen klinischen Blick, andererseits erkennt er auch im Lauf der Zeit besser die Unterschiede zwischen "akuten" und "chronischen" Verlaufsformen, unabhängig vom recht willkürlichen Zeitfaktor. Dies ist vor allem auch bei der Einschätzung des Therapieerfolges von entscheidender Bedeutung. Eine chronische CMD ist in jedem Falle keine lokale strukturelle Angelegenheit mehr, sondern eine Erkrankung, die den ganzen Menschen betrifft und je nach Grad der Chronifizierung meist nur noch interdisziplinär therapiert werden kann. Häufig notwendig wird hier die Zusammenarbeit mit z. B. Schmerztherapeuten, Orthopäden, Physiotherapeuten und Verhaltenstherapeuten.

Chronische CMD, nur interdisziplinär zu behandeln

Die zahnärztliche Behandlung

Die zahnärztliche Therapie der CMD wird in mehreren Etappen durchgeführt, je nach Schweregrad der Erkrankung. Einfache Erkrankungsformen erfordern weniger Aufwand, chronische Fälle dafür um so mehr. Neben dem Aufklärungsgespräch haben sich mehrere unterschiedliche Maßnahmen bewährt:

Einschleifmassnahmen im Mund

Wenn die Funktion nur durch einzelne Zähne behindert wird und sich daraus akute Symptome einer CMD entwickeln, dann ist es relativ einfach, diese Störquellen mittels Einschleifmaßnahmen zu beseitigen. Dies kann bei herauswachsenden Weisheitszähnen der Fall sein, aber auch bei überstehenden Kronen oder Füllungen. Obwohl das Einschleifen der Zähne eine ganz alltägliche Maßnahme darstellt, darf nicht übersehen werden, dass es sich hier um einen irreversiblen Eingriff handelt: Ist die Zahnsubstanz einmal entfernt, kann sie nicht wieder gleichwertig ersetzt werden. Deshalb ist es besonders wichtig, dass gerade diese Maßnahmen nicht leichtfertig eingeleitet, sondern sorgfältig geplant und durchgeführt werden, damit nur das Minimum an Zahnsubstanz entfernt wird, das den gewünschten Effekt erzielt. Auch sollten die Zusammenhänge zuerst klar sein, denn dieser Vorgang bietet sich keineswegs für eine experimentelle Therapie an.

KORREKTUREN AN ZÄHNEN, nur nach sorgfältiger Planung

Schließlich muss auch der ursprüngliche Störfaktor genau bekannt sein. So ist es durchaus möglich, dass es zunächst so erscheint, als führe ein ungünstiger Kontakt an einem Molaren zu Abgleitbewegungen. Häufig zeigt aber eine eingehendere Untersuchung dann aber, nachdem die chronisch verspannte Muskulatur therapiert wurde, dass dieser vermeintliche Störkontakt gar nicht mehr erreicht wird, weil er nur sekundär entstanden ist, als der Kiefer einem in Wahrheit dominanten Störkontakt an anderer Stelle auswich.

WARTUNG VON SCHLECHT SITZENDEN PROTHESEN

Prothesen und Lagergewebe zeigen in der Gebrauchsphase Verschleißerscheinungen, die sich in der Abnutzung von Kauflächen und der Atrophie von Kieferkämmen äußern können. Beides führt zu einem Verlust der Abstützung auf den Seitenzähnen und einem Absinken des Bisses. Falls die eigenen Schneidezähne noch vorhanden sind, würde dies dazu führen, dass der Patient dann auf diesen immer stärkeren Kontakt hat. Da Schneidezähne aber hochsensible "Tast-Organe" sind, vermeidet der Bewegungsapparat, wenn irgend möglich, automatisch traumatisierende Vorkontakte an dieser Stelle. Dies kann durch ein weiteres Zurückziehen des Unterkiefers ermöglicht werden, so dass wieder mehr Platz zwischen den Schneidezähnen entsteht.

Allerdings geht dies dann wieder mit einer erheblichen chronischen Muskelverspannung einher. Wie bereits zuvor angemerkt, ist sich der Patient solcher Veränderungen und Anpassungen nur in den seltensten Fällen bewusst. Erst wenn diese Anpassungen die

Strukturen an die Grenze ihrer Anpassungsfähigkeit bringen, kommt es zu Beschwerden, die sich dann aber auch an einer ganz anderer Körperstelle äußern können.

Bei einem typischen Fall aus der Praxis litt ein Patient unter zunehmenden Nackenschmerzen. Manualtherapie brachte zwar Linderung, aber diese hielt immer kürzere Zeit. Eine Untersuchung ergab, dass die Kaumuskulatur an mehreren Stellen sehr empfindlich und verspannt war. Eine Entspannungstherapie dieser Muskeln führte dann dazu, dass der Patient, wenn er bei aufrechter Körperhaltung den Kiefer locker zufallen ließ, nur noch auf den Schneidezähnen Kontakt bekam. In der Tat hatte er in dieser entspannten Situation sichtlich Mühe, überhaupt noch einen Kontakt auf der Freiendprothese, die er im Unterkiefer trug, herzustellen. Die Freiendprothese wurde unterfüttert, die Auflage auf den Kieferkämmen somit wieder optimiert, und die abradierten Prothesenzähne wurden erneuert und so aufgestellt, dass der Patient bei entspannter Muskulatur und aufrechter Haltung mühelos auch bei einer lockeren Schließbewegung Kontakt auf diesen herstellen konnte. Interessanterweise, und in der Praxis gar nicht untypisch, gingen die Nackenschmerzen auch ohne weitere Manualtherapie in den Tagen nach der Eingliederung der überarbeiteten Prothese zurück.

T.E.N.S.

T.E.N.S., elegante Methode zur Entspannung

Eine elegante Methode, um verkrampfte Muskeln relativ schnell zu entspannen, stellt die T.E.N.S.-Therapie dar (Transkutane Elektro-Neuro-Stimulation). Bei dieser Reizstromtherapie wird die Kiefermuskulatur kurzfristig zu minimaler Kontraktion gebracht (für etwa 0,5 Millisekunden alle 1-2 Sekunden). Danach sinkt der Unterkiefer wieder locker in seine Ausgangslage zurück. Dieser “Pumpeffekt” führt nach 30-60 Minuten zu einer wirksamen Entspannung der Muskelfasern, einer verbesserten Versorgung mit Nährstoffen und einem vermehrten Abtransport von Stoffwechselprodukten. Der Teufelskreis zwischen Fehlfunktion, Verspannung und Schmerz kann damit wirksam unterbrochen werden, und meist tritt eine rasche Schmerzlinderung ein.

Aufbissschienen (Aufbissbehelfe, Orthesen, Schienen)

Bei Verspannung der Kau- und Kopfmuskulatur legen einige Patienten intuitiv etwas Weiches zwischen die Zahnreihen, weil sie merken, dass ihre Muskulatur sich dadurch lockert und sie Linderung der Schmerzen erfahren. Seit Anfang des 20. Jahrhunderts hat man diese Erkenntnis umgesetzt und zahnärztliche Therapiegeräte entwickelt, die fest auf den Zähnen sitzen und eine ganze Reihe von Wirkungen zeigen.

Die Wirkungsweise der Aufbissschienen, Abb. 15 und 16

Harmonisierung der Kauebene

Da die Zähne gleichmäßig abgestützt werden und keine ungleichen Belastungsverhältnisse entstehen, wird die Belastung durch Pressen und Knirschen harmonisiert und gleichmäßig auf Muskulatur und Zähne verteilt. Dies verhindert eine allzu starke Verspannung einzelner Muskelareale.

Entlastung der Zähne

Es werden keine einzelnen Zähne mehr über Gebühr belastet, es können kein Abrieb, keine Zahnlockerungen und keine Zahnwanderungen ausgelöst werden.

Muskuläre Entspannung

Die Kaumuskulatur erhält durch den Aufbissbehelf ein neues Bewegungsziel und verändert dadurch ihr Funktionsmuster (siehe Anhang S. 91, Instrumentelle Diagnostik). Diese geringfügige Veränderung reicht oft aus, um durch mehrere physiologische Effekte die Schmerzen in der Muskulatur deutlich zu reduzieren.

Entlastung der Kiefergelenke

Das Gelenkköpfchen wird durch die leichte "Bisshebung" nicht mehr so stark nach oben und hinten in die Gelenkpfanne hineingepresst, und das Kiefergelenk wird dadurch wirksam entlastet.

Verschiedene Formen von Aufbissschienen

Provisorische Schienen

Ein besonders einfaches Mittel, um einen sofortigen Ausgleich von Fehlbelastungen im Biss zu bewirken, ist der “Aqualizer”. Es handelt sich hier um zwei kleine Wasserpolster, die mit einem dünnen Schlauch miteinander verbunden und zwischen die Seitenzähne gelegt werden. Das Wasser kann über den Verbindungsschlauch

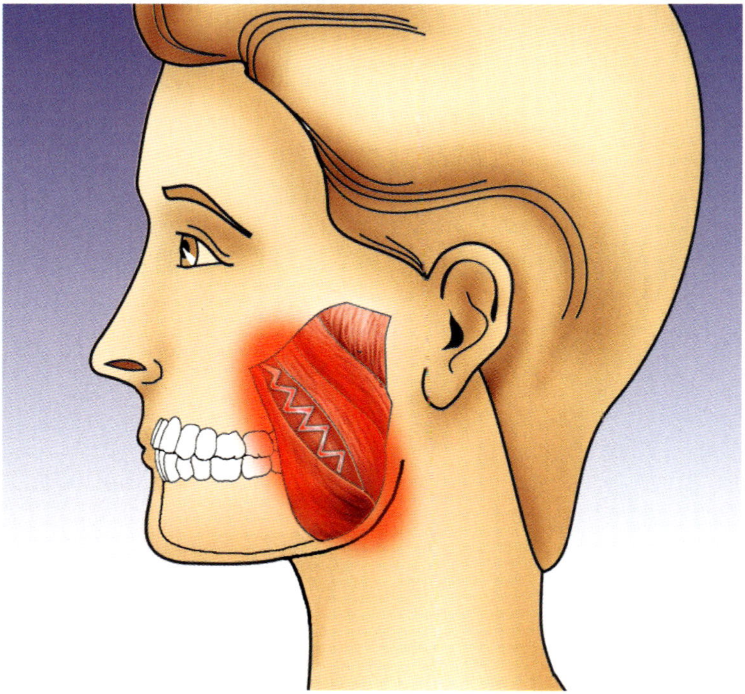

Abb. 15:
Ursache für Muskelschmerzen sind Funktionsstörungen umschriebener Muskelbereiche (Triggerpunkte), ausgelöst durch Überbelastung der Muskulatur (z. B. Knirschen, Pressen und/oder Bissstörungen).

zwischen den beiden Kammern hin- und herfließen, und der Aqualizer passt sich automatisch an die Belastungsverhältnisse an.

Allerdings funktioniert dieses Konzept nicht, wenn Seitenzähne fehlen und so keine genügende Auflage für die Wasserpolster auf den Zähnen besteht.

Eine weitere Möglichkeit einer provisorischen Schiene ist, nach der Muskelentspannung weichen Kunststoff zwischen die Zahnreihen zu geben und bei lockerer Muskulatur direkt im Mund ein neues Funktionsrelief in den noch weichen Kunststoff einzuformen.

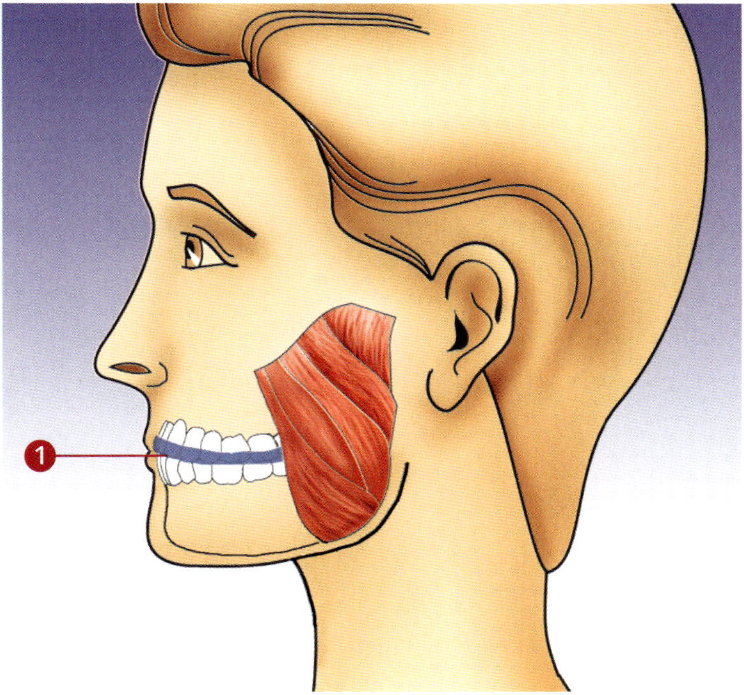

ABB. 16:
Aufbissschienen ❶ führen durch die therapeutische Neupositionierung des Unterkiefers zur Entlastung schmerzhafter Muskelregionen und Kiefergelenke.

Anschließend lässt man den Kunststoff aushärten und arbeitet die Schiene fertig aus.
Der Wert von solchen provisorischen Aufbissbehelfen ist zweifach:

1. Man kann in schwierigen Fällen oft eine sofortige Linderung verschaffen.

2. Bei komplexen Fällen ist es möglich, bereits frühzeitig in Erfahrung bringen, welche Rolle innerhalb der vorliegenden und vielleicht zum Teil noch unerkannten Wechselspiele die Okklusion der Zähne spielt.

Wenn überhaupt keine Reaktion der Symptomatik auf die Eingliederung eines provisorischen Aufbissbehelfes folgt, muss man die Reihenfolge der Behandlungsschritte vielleicht noch einmal überdenken.

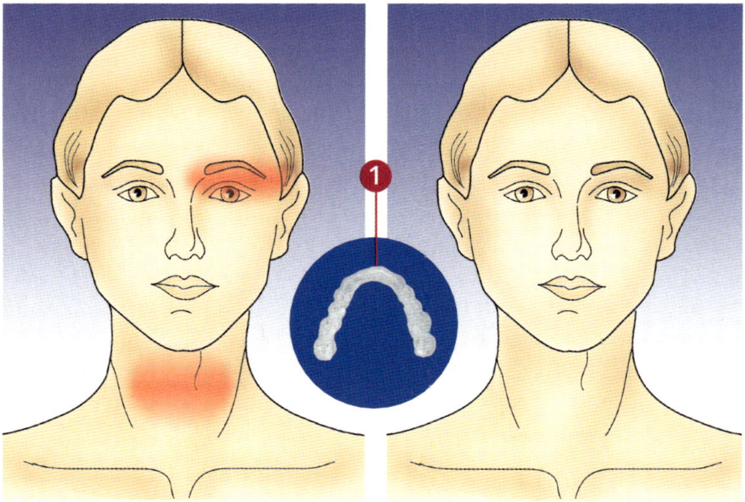

ABB. 17: KORREKTUR MIT AUFBISSSCHIENE
Oft kann man nach Eingliedern von Aufbissschienen (1) Veränderungen der Körperhaltung beobachten. Selbst die Beseitigung von Schmerzen in Körperregionen, die mit dem Kausystem nicht direkt in Verbindung gebracht werden, sind nicht selten.

Elastische Aufbissschienen, der Myozeptor

Der Myozeptor ist ein elastischer Aufbissbehelf, der relativ schnell hergestellt und eingegliedert werden kann. Im Gegensatz zu provisorischen Aufbissbehelfen benötigt man hierfür allerdings schon Zahnmodelle. Der Myozeptor enthält ein okklusales Relief, mit dem eine spezifische Bisslage umgesetzt und ausprobiert werden kann. Gleichzeitig ist er aus elastischem Material, so dass mögliche kleinere Kontaktungleichheiten sich ohne weiteres anpassen. Sinn des Myozeptors ist es, ein bestehendes, pathologisches Funktionsmuster schnell zu durchbrechen und auszugleichen. Gleichzeitig kann man später eventuell eintretende Veränderungen der Bisslage relativ problemlos umsetzen.

Langzeitschienen

Hat der Patient zugestimmt, eine längerfristige Behandlung mit eine Schiene durchzuführen, werden zunächst Abformungen der Kiefer genommen. Anschließend fertigt das zahntechnische Labor einen Kunststoffüberzug für die oberen oder unteren Zahnreihen an. Je nach Symptomatik und Diagnose muss ein solcher Aufbissbehelf ganztags oder nur stundenweise getragen werden. Soll die orale Funktion grundlegend umgestellt werden, so muss ein solcher Behelf (man spricht dann auch von einer Orthese) durchgehend getragen werden, auch zum Essen. Eine Orthese sollte in diesem Falle auch so konstruiert sein, dass dies für den Patienten gut möglich ist und er damit gut kauen kann.

TRAGEZEIT DER AUFBISSSCHIENEN, nur individuell zu bestimmen

Manchmal mag es völlig ausreichen, einen Aufbissbehelf nur nachts zu tragen. Patienten berichten über entspannteren Schlaf und weniger Verspannungen beim Aufwachen.

Nach einiger Zeit wird der Therapieerfolg eingeschätzt und die Tragedauer entsprechend angepasst. Verschwinden die meisten Symptome nach Tagen oder wenigen Wochen, dann reicht eine reduzierte Trageweise vielleicht nur noch in Stressphasen aus.

Wenn die Probleme nur teilweise oder überhaupt nicht behoben sind, so kann man versuchen, die Wirkung zu erhöhen, indem die Aufbissschiene möglichst viel, also auch tagsüber, getragen wird. Gehen dann die Beschwerden zurück, ist das ein Zeichen, dass eventuell eine Dauerschiene angebracht ist oder sogar die Zahnreihen dauerhaft in eine neue Bisslage gebracht werden sollten.

Bringt auch hier die Behandlung keinerlei Erfolg (innerhalb von vier Wochen), liegt mit hoher Wahrscheinlichkeit ein fortgeschrittenes Stadium der Erkrankung vor, und eine Neubewertung des Therapieansatzes (Schmerzdiagnostik mit psychometrischem Test) ist unerlässlich.

Dauerschienen

Wenn sich herausstellt, dass ein Therapieerfolg nur durch ein dauerhaftes Tragen der Schiene zu erreichen ist, kann die Anfertigung einer Dauerschiene aus einem stabilen Material sinnvoll erscheinen. Ein in diesem Falle verwendeter Unterbau aus Metall legt sich passgenau wie eine Prothese an die Zahnreihen an, während ein Kunststoffaufbau die Kaufläche ohne invasive Maßnahme rekonstruiert. Vorteil dieser Lösung gegenüber einer dauerhaften Veränderung der Kauflächen ist der günstige Preis und die Schonung vorhandener Zähne. Nachteil ist die Tatsache, dass dieses Teil regelmäßig ausgezogen und gereinigt werden muss, wie eine Prothese.

Die Craniomandibuläre Orthese

Craniomandibuläre Orthese, minimal-invasives orthopädisches Gerät

Insbesondere durch die craniomandibuläre Orthese konnte die Aufbissschienentherapie um einige erfolgversprechende Aspekte erweitert werden. Die muskelphysiologisch orientierte Technik, mit der die therapeutische Schienenposition festgelegt wird, zeigt außerordentlich gute Therapieergebnisse (siehe Anhang S. 90, Craniomandibuläre Orthese).

Erfolgreiche therapeutische Positionierungen des Unterkiefers gehen oft mit einer deutlichen Verbesserung der Kopfhaltung einher. Hin und wieder verschwinden sogar Symptome an völlig unerwarteter Stelle. Es werden hier offensichtlich nicht nur lokale Optimierungen der Bisslage erreicht, sondern im Sinne muskulärer Kettenreaktionen (Kettenmyosen) auch therapeutische Wirkungen an entfernt liegenden Stellen der Muskelketten erzielt.

In einigen Fällen verbessern sich auch Geräuschbildungen bei der nächtlichen Atmung, also das Schnarchen, manchmal auch die durch Obstruktionen der Atemwege verursachte Schlafapnoe.

Veränderung der Kauflächen

Wird die Aufbissschiene Tag und Nacht getragen, dann kann man diese neue Lage in einigen Fällen dauerhaft auf die eigenen Zähne übertragen. Dies funktioniert relativ einfach, wenn in einem der Kiefer eine Teil- oder Vollprothese vorhanden ist, die eine Veränderung der Kauflächen ohne großen Aufwand erlaubt. Auch wenn die Seitenzähne schon mit Brücken oder Kronen versorgt sind, ist es möglich, wenn auch mit erheblich mehr Aufwand, diese Übertragung durchzuführen. Wenn die vorhanden Zähne allerdings vollkommen intakt sind, erscheint es nur nach gewissenhafter Risikoabwägung angebracht, dort mittels Keramik oder Gold einen dauerhaften Bissausgleich zu etablieren. Diese Entscheidung muss von Fall zu Fall in einem intensiven Gespräch zwischen Patient und Behandler abgeklärt werden.

Kieferorthopädie

Bionator nach Balters, ideal zur CMD-Behandlung bei Kindern

Wenn Kinder und oder Jugendliche Symptome einer CMD zeigen, darf man im Rahmen kieferorthopädischer Maßnahmen die üblichen zahnärztlichen Hilfsmittel im Sinne von Aufbissschienen nur mit Einschränkung einsetzen. Man kann die Kunststoffschienen zwar für kurze Zeiträume eingliedern, um Beschwerden zu lindern, aber für längere ist diese Art von Behandlung nicht möglich, weil sonst das Zahn- und Kieferwachstum beeinträchtigt wird oder die Passung nach einiger Zeit sowieso verlorengeht. Hier bieten sich funktionskieferorthopädische Geräte an, insbesondere der Bionator nach Balters. Diese Geräte vereinen in der Regel die Wirkung von Aufbissschiene und kieferorthopädischer Apparatur. Es ist auch möglich, diese Apparaturen ganz ohne kieferorthopädische Funktion anzufertigen, insbesondere bei Erwachsenen, wenn ein überwiegend nächtliches Tragen angezeigt ist und keine herkömmliche Schienentherapie durchgeführt werden soll.

Steht die Überlegung beim ausgewachsenen Patienten an, die Bisslage dauerhaft zu verändern, so besteht auch die Möglichkeit, diese Veränderung kieferorthopädisch durchzuführen. Dies geht allerdings nur über eine oft mehrjährige Behandlung mit herausnehmbaren oder festsitzenden Geräten.

KIEFERCHIRURGIE

Kieferchirurgische Maßnahmen sind nur in den seltensten Fällen, wie bei Unfällen oder Tumorerkrankungen, notwendig. Bei den üblichen Symptomen wie Schmerzen oder Geräuschen in den Kiefergelenken kommt man in der Regel mit schonenden, konservativen Techniken zu einem guten Ergebnis. In therapieresistenten Fällen kann hin und wieder ein endoskopischer Eingriff notwendig werden.

MEDIKAMENTE

MEDIKAMENTÖSE BEHANDLUNG, in akutem Stadium unerlässlich

In akuten Schmerzphasen sollte dem Patienten, nach heutigem Verständnis des Schmerzgeschehens und mit Blick auf die schon beschriebenen Gefahren einer Chronifizierung, in jedem Falle auch eine ausreichende medikamentöse Schmerzbehandlung verordnet werden. Hier sind vor allem nichtsteroidale Antirheumatika wie Ibuprofen oder neuerdings Cox2-Hemmer Mittel der ersten Wahl bei Gelenkschmerzen. Für Muskelschmerzen hat sich vor allem Flupirtin (Katadolon®) bewährt, das zusätzlich zur analgetischen eine deutlich muskelrelaxierende Wirkung besitzt und dem Einsatz von Benzodiazepinen (z.B. Musaril®) vorzuziehen ist. Hin und wieder kann auch die Infiltration von Triggerpunkten mit Lokalanästhetika sehr hilfreich sein. In chronischen Fällen hat sich auch die Medikation von sehr nieder dosierten trizyklischen Antidepressiva (z.B. Saroten®) als sehr hilfreich erwiesen (selbstverständlich unter Kontrolle eines erfahrenen Schmerztherapeuten).

Physikalische Therapie

Eine erhebliche Linderung der Beschwerden kann durch die Anwendung von physikalischen Maßnahmen, sprich Wärme- oder Kälteapplikation, erreicht werden. Wenn die Gelenkkapsel entzündet ist, wird ein kalter Umschlag das akute Geschehen verbessern. Sind die Muskelfasern chronisch verhärtet, hilft meistens eine Wärmetherapie mit einer Wärmflasche, einem Dinkelkissen oder ähnlichem. Auch Rotlicht, Kurzwellentherapie oder Magnetfeld können eine gute Wirkung entfalten. Die Elektrostimulationstherapie mit T.E.N.S oder Elektrophorese kann ebenfalls sehr gute Effekte vorweisen. Letztere führt über einen konstanten Gleichstrom lokal schmerzstillende und entzündungshemmende Substanzen in Gelenk oder Muskulatur ein.

Physiotherapie

PHYSIOTHERAPIE, integraler Bestandteil bei der Behandlung chronischer Schmerzen

Die Muskulatur des Kopfes ist integraler Bestandteil der Körpermuskulatur und kann deshalb nicht getrennt betrachtet und behandelt werden. Wie schon oben beschrieben, können die Verspannungen sowohl nach unten in den Rücken weitergeleitet werden als auch aus tieferen Extremitätenbereichen nach oben ziehen. Deshalb müssen Therapeuten, die sich mit den Erkrankungen des Bewegungsapparates beschäftigen, diese Zusammenhänge immer im Auge behalten. In erster Linie sind hier Physiotherapeuten (Osteopathen, Kraniosakraltherapeuten, Chiropraktiker, Masseure) zu erwähnen, die von jeher die meiste Erfahrung in der manuellen Behandlung von Verspannungen des Körpers haben. Während die einen mehr in der Muskulatur arbeiten, versuchen die anderen mehr die Harmonie in den knöchernen Strukturen wiederherzustellen. Jede Methode hat ihren Wert, und ihr zweckgerichteter Einsatz muss von Fall zu Fall entschieden werden. Mit ihren Händen und Fingern können Manualtherapeuten Verhärtungen in der Muskulatur und Bewegungseinschränkungen von Gelenken ertasten und durch verschiedenste Techniken die Strukturen wieder in einen günstigeren Funktionszustand bringen. Da Verspannungen aus verschiedensten Bereichen des Körpers sich gegenseitig beeinflussen können, sollten in chronischen Fällen von CMD in jedem Fall kompetente Manualtherapeuten hinzugezogen werden.

Entspannungstechniken und Psychotherapie

PSYCHOLOGISCHE SCHMERZTHERAPIE, wichtig bei psychosozialen Beeinträchtigungen

Zu den bekannten Risikofaktoren für die Entstehung der CMD gehört psychischer Stress, der auch zu erhöhter motorischer Aktivität im Kiefer-Gesichtsbereich im besonderen auch zu Parafunktionen wie Pressen und Reiben auf den Zahnreihen führen kann. Dies scheint ein natürliches motorisches Regulativ bei der Verarbeitung psychisch-emotionaler Eindrücke zu sein. Schon kleinste Kinder geben nachts die unglaublichsten Reibegeräusche von sich, so dass die Eltern sich oft große Sorgen machen und fragen, ob dadurch Schäden entstehen können. In der Regel treten dadurch aber nur wenige Probleme auf, wie etwa Abrieb oder Überempfindlichkeit der Milchzähne.

Das Beste ist, man findet in diesen Fällen, ob beim Erwachsenen oder Kind, die Ursache für diesen übermäßigen psychischen Stress und beseitigt oder mindert ihn, sofern das möglich ist. Hier reicht oft schon ein Aufklärungsgespräch und eine Beratung beim Zahnarzt, vielleicht in Verbindung mit einer prophylaktischen Schienentherapie. Sehr oft liegen die Probleme aber tiefer und sind nicht so leicht zu beseitigen. Vor allem wenn sich zu diesen Parafunktionen trotz Aufbissschienentherapie Schmerz einstellt, ist weitergehende Hilfe notwendig. In einfachen Fällen können Entspannungstechniken wie das “Autogene Training nach Schultz”, Joga, Meditation oder die “Progressive Muskelrelaxation nach Jacobson (PMR)” helfen.

Setzt sich die Regelkette jedoch ohne Unterbrechung wie folgt fort:

Psychische Belastung – motorische Hyperaktivität – Schmerz – psychische Belastung,

dann ist oft bereits ein schwerwiegendes chronisches Stadium erreicht. Ergeben dann psychometrische Testverfahren (siehe Glossar S. 97, GCPS, ADS-L, B-L oder PDI-D) eine alarmierende Beeinträchtigung, ist es unerlässlich, interdisziplinären Rat (psychosomatisch versierten Arzt oder Psychologe) und Therapieempfehlung einzuholen. Dies heißt aber nicht, dass der Zahnarzt seine therapeutischen Bemühungen abbrechen sollte, sondern, dass er die Therapieziele neu definieren muss.

Komplementäre Heilverfahren

In der Medizin gibt es eine unglaubliche Vielzahl von komplementären Therapieformen, die hier nicht alle aufgezählt und bewertet werden können. Es sollen allerdings einige den Verfassern bekannte Verfahren Erwähnung finden, die in Deutschland relativ verbreitet sind.

Komplementäre Heilverfahren, in vielen Fällen nützliche Begleittherapie

Akupunktur

Über eine Stimulation der passenden Akupunkturpunkte können die Beschwerden in vielen Fällen von Kopf- und Gesichtsschmerzen gebessert werden, wenn nicht sogar vollkommen verschwinden. Grundvorstellung der traditionellen chinesischen Medizin hierbei ist, dass Störungen und Blockaden im Körper durch einen unausgeglichenen Energiefluss entstehen und dass das energetische System des Körpers durch gezielte Stimulation von bestimmten Akupunkturpunkten ausgeglichen werden kann. Diese Stimulation kann durch die traditionelle Nadelung, durch Laser oder aber auch elektrisch erfolgen.

Die in Europa weiterentwickelte Ohrakupunktur ist eigentlich weniger Akupunktur im klassischen Sinne, sondern mehr eine Reflexheilkunde. Im Vordergrund steht hier die Beobachtung, dass ganz spezifische Punkte auf der Ohrmuschel gesteigert druckdolent und elektrisch leitfähig werden, wenn in einem damit korrelierenden System eine energetische Störung vorliegt. In neuerer Zeit wurde auch hier die Bedeutung der Punkte erkannt, die die Muskulatur repräsentieren und auf der Rückseite der Ohrmuschel liegen. Wahrscheinlich durch die Freisetzung von schmerzstillenden körpereigene Substanzen (Endorphine) verursacht, erreicht man eine wirksame Reduzierung der Schmerzen manchmal schon nach sehr kurzer Zeit.

Komplementäre Therapie, nicht ohne ausreichende Basisbehandlung

Pflanzenheilkunde

Die Behandlung von Schmerzen über die Pflanzenheilkunde hat in den meisten Kulturen eine lange Tradition und wird heutzutage von der modernen Medizin wiederentdeckt. Kaffeebohne, Cayennepfeffer und Pfefferminze sind nur einige Beispiele für effektive Kopfschmerztherapeutika, vorausgesetzt, die Anwendungsform und die Dosierung stimmen. Johanniskraut und Rauschpfeffer (Kava-Kava) sind ebenfalls wirkungsvolle Phytotherapeutika, die sich bei der Behandlung von Schmerzpatienten (in geringgradigem Chronifizierungsstadium) bewährt haben.

Homöopathie

Eine Weiterentwicklung der Pflanzenheilkunde war die von Samuel Hahnemann vor 200 Jahren entwickelte "homöopathische Therapie". Hier wird, so ist die heutige Hypothese, nicht mehr über einen materiellen Wirkstoff therapiert, sondern über die Information, die in einer Trägersubstanz gespeichert wird, wobei diese Information mit dem Arzneimittelbild der Trägersubstanz korreliert. Um diese Information von einer chemischen Substanz auf Wasser zu übertragen, verdünnt man diese "Ursubstanz" im Verhältnis 1:10 (Potenzierung) und verschüttelt es nach bestimmten Prinzipien (Dynamisierung). Diese Potenzierung wird so oft wiederholt, bis man die gewünschte "Potenz" der homöopathischen Zubereitung erreicht hat. Die Kunst in der homöopathischen Therapie liegt nun darin, das passende, individuell ausgesuchte Mittel in der richtigen Konzentration für den Patienten zu finden. Dies geschieht mit Hilfe einer umfangreichen Anamnese und Repertorisierung (Zuordnung von Symptomen und Arzneimittelbildern). Wenn diese Auswahl richtig getroffen wurde, kommt es manchmal zu erstaunlichen Therapieerfolgen.

Biologische Funktionstests

Bei diesen Testverfahren werden lokale Veränderungen des Hautleitwiderstandes gemessen wie auch deren Reaktion auf bestimmte Reize. Hier ist auch die Elektroakupunktur nach Voll (EAV) einzuordnen, bei der an klassischen Akupunkturpunkten oder von Voll zusätzlich entdeckten Punkten Widerstandsmessungen vorgenommen werden, die zur Interpretation der Regulationsfähigkeit des Patienten dienen. Mit Medikamententests werden dann die individuellen Therapeutika bestimmt. Bei diesen Tests wird angenommen, dass es zu Resonanzphänomenen zwischen dem zu testenden in den Messkreis eingebrachtem Medikament und dem System, dem der Messpunkt zugeordnet ist, kommt. Als therapeutisches Ziel gilt, über „Infomationsvermittlung" den kranken Organismus zur Autoregulation anzuregen. Im Wesentlichen wird mit homöopathischen Mitteln therapiert. Entscheidend für einen Therapieerfolg scheint letztendlich die Erfahrung des Arztes und die Regulationsfähigkeit des Erkrankten. Auch hier werden ab und an gute Erfolge in der Behandlung von chronischer CMD berichtet.

Kinesiologie

Ein anderes Diagnose- und Therapieverfahren ist die angewandte Kinesiologie oder eine Weiterentwicklung davon, die Physioenergetik nach Van Assche. Hier verwendet man die Muskulatur als Testmedium, um unterschiedliche Belastungen des Organismus und der Psyche zu erkennen und nach Prioritäten einzuordnen. Ursprüngliche Grundlage dieses Verfahrens war die Beobachtung, dass man einen über isometrische Anspannung als schwach getesteten Muskel mit speziellen manuellen Weichteiltechniken wieder stärken kann. Danach wurde das Phänomen der verminderten Kontraktionsfähigkeit als Testparameter zur Lokalisation von Funktionsstörungen in verschiedenen Körperregionen sowie zur Identifikation von Belastungen jeglicher Art (Medikamente, Schwermetalle, Umwelt, Allergie, Psyche) eingesetzt. Dieses Testverfahren bündelt dann in der Therapie viele der oben genannten Therapieansätze zu einem Gesamtkonzept. Auch diese Therapierichtung berichtet über Erfolge bei der Behandlung chronischer CMD.

Muskeltest, Identifikation von Belastungen jeglicher Art

Die Cranio-Sacrale Therapie

Cranio-Sacraler Rhythmus, findet 6-12-mal in der Minute statt

Der Schädel besteht aus einer Vielzahl von einzelnen Knochen, die untereinander keineswegs starr verbunden, sondern relativ beweglich zueinander sind (im Mikrometerbereich), wobei diese Beweglichkeit mit dem Alter abnimmt. Insbesondere im Bereich des Hirnschädels können sensible Therapeuten gewisse periodische Formveränderungen (Schädelatmung) am Schädel wahrnehmen, die als eine Art Pumpbewegung interpretiert wird. Diese Schädelatmung, auch Cranio-Sacraler Rhythmus genannt (CSR), findet 6-12-mal in der Minute statt und ist unabhängig von der normalen Atmung und dem Herzschlag. Dieser wahrnehmbare Eigenrhythmus kann, so lautet die Hypothese, durch Traumen, Zahnbehandlungen, kieferorthopädische Maßnahmen, aber auch durch psychischen Stress beeinträchtigt werden. Das System verliert seinen Rhythmus und damit seine natürliche Bewegungsdynamik. Es liegt somit eine Störung des Cranio-Sacralen Systems vor, die es zu beseitigen gilt. Man setzt verschiedene sanfte manuelle Techniken ein, um diesen Rhythmus wieder zu normalisieren.

Natürlich konnten in dieser Information nicht alle Aspekte der Craniomandibulären Dysfunktion beleuchtet werden. Aber wir haben versucht, die wichtigsten Gesichtspunkte herauszuarbeiten und ein zeitgemäßes Bild der Erkrankung sowie der therapeutischen Möglichkeiten zu zeichnen. Wir hoffen, dem Leser auch ein Hilfsmittel an die Hand zu geben, das ihm ermöglicht, individuelle Fragestellungen nachzulesen und vielleicht schon Bekanntes zu vertiefen. Es soll allerdings nicht das ausführliche Gespräch mit dem Zahnarzt oder anderen Behandlern ersetzen.

Anhang

Symptomliste CMD

	nein	etwas	ziemlich	stark
Pressen oder Knirschen der Zähne				
Keilförmige Defekte				
Zahnschmerzen oder empfindliche Zahnhälse				
Zahnfleisch geht zurück				
Unklare Bisslage der Zähne				
Taubheitsgefühl im Mund (Zunge, Lippen, Zähne)				
Kauschwierigkeiten				
Zahnwanderung				
Zahnlockerung				
Zahnabrasionen				
Zahn stört beim Schließen				
Schmerzen in den Kiefergelenken				
Knacken oder Reibegeräusche der Kiefergelenke				
Mund geht nicht richtig auf				
Kieferschmerzen				
Verspannung morgens beim Aufwachen				
Brennen oder taubes Gefühl in der Zunge				
Kopfschmerzen				
Nackensteifigkeit				
Nackenschmerzen				
Gesichtsschmerzen				
Druck auf dem Kopf				
Berührungsempfindlichkeit von Haaren und Kopfhaut				

	nein	etwas	ziemlich	stark
Ohrgeräusche (Tinnitus)				
Hörminderung				
Ohrenschmerzen				
Ohr zu oder juckend				
Schwindel				
Augenflimmern				
Schmerzen hinter den Augen				
Doppeltsehen				
Lichtempfindlichkeit				
Sehstörungen				
Schluckbeschwerden				
Heiserkeit				
Halsschmerzen				
Häufiges Räuspern				
Stimmveränderung, Sprachstörungen				
Kloß im Hals				
Schulterschmerzen				
Taubheitsgefühl in den Armen oder Fingern				
Rückenschmerzen				
Gelenkschmerzen				
Beruflicher oder familiärer Stress				
Gereiztheit, Unruhe				
Stimmungsschwankungen				
Unentschlossenheit				
Schlaflosigkeit				
Depressive Verstimmung				

Vertiefung von Themen

Craniomandibuläre Orthese

Die konventionelle Vorgehensweise bei der "therapeutischen Positionierung" des Unterkiefers überträgt dem Kiefergelenk die Schlüsselrolle bei dieser Neuorientierung. Die zentrale Positionierung der Gelenkköpfchen (Condylus articularis) in den Gelenkpfannen (Fossae articulares) ist das angestrebte therapeutische Ziel (Abb. 8). Dieses Paradigma entspringt der Vorstellung, dass die Gelenke die wesentlichen Sensoren für die Bewegungssteuerung beherbergen und dass eine ideale Zuordnung von Kondylus und Fossa auch zwangsläufig neuromuskuläre Fehlsteuerungen mit all ihren schmerzhaften Folgen korrigieren können. Diese Vorstellungen konnten weder in Wissenschaft noch in Praxis hinreichend belegt werden.

Im Gegensatz zu dieser Vorstellung geht die neuromuskuläre Hypothese davon aus, dass die für die Bewegungssteuerung zuständigen Sensoren in der Muskulatur selbst liegen und demzufolge ideale Positionierungsparameter unmittelbar aus der entspannten Muskelfunktion abgeleitet werden sollten. Die ausgezeichneten klinischen Ergebnisse, die mit dieser Technik zu erreichen sind und eine zunehmende wissenschaftliche Evidenz der zugrundeliegenden Hypothese machen diese Technik zu einem optimalen Hilfsmittel bei der Schienentherapie. Ziel dieses Vorgehens ist es, den Muskeln wieder eine möglichst optimale Funktion zu geben, indem der Unterkiefer dem Oberkiefer in einer sogenannte Myozentrik zugeordnet wird. Ermittelt wird diese myozentrische Position mit Hilfe kleiner stimulationsinduzierter Muskelkontraktionen.

Die Vorgehensweise ist folgende: Mit niederfrequenter T.E.N.S. wird in einer etwa 45 Minuten andauernden Phase (wie S. 72 schon berichtet) die Muskulatur maximal entspannt. Danach wird die minimale durch die rhythmische Muskelkontraktion hervorgerufene räumliche Bewegung des Unterkiefers – gewissermaßen als idealisierte Schließbewegung – in ein dafür geeignetes Material (PMMA oder andere Polymere) eingeprägt. Der Endpunkt dieser künstlich erzeugten Schließbewegung ist als Myozentrik definiert und wird als therapeutische Kieferposition in eine Aufbissschiene übertragen.

Gelenkspieltechnik

Das Prinzip der Gelenkspieltechnik ist, mit Hilfe manueller Techniken wie Traktion und Translation (vom Behandler unter Zugbelastung des Gelenks manipulierte Grenzbewegungen), passive Kompression (Druckbelastung des Gelenks mit wechselndem Kraftvektor) sowie dynamischer Kompression und dynamischer Translation (vom Patienten ausgeführte Grenzbewegungen, die vorwiegend von Druck-Manipulationen des Behandlers begleitet werden) die verletzte Struktur genau zu lokalisieren, um Informationen über den schmerzverursachenden Kraftvektor zu gewinnen. Diese Kenntnis liefert dann die Grundlage für therapeutische Maßnahmen, die darauf abzielen, diesen Vektor, der das spezifische Gewebe schädigt, zu beseitigen.

Instrumentelle Diagnostik

Die folgende Auflistung von instrumentellen Diagnosemöglichkeiten ist nur ein kleiner Überblick über den heutigen Stand der Wissenschaft und keineswegs vollständig. Auch sind all diese Maßnahmen nur gezielt anzuwenden und ersetzen keinesfalls die üblichen klinischen Untersuchungstechniken.

Muskulatur

Eine erweiterte Möglichkeit, den Funktionszustand der Muskulatur zu untersuchen, liefert die klinische Elektromyographie. Es gelingt zwar, mit Palpation und Tastbefunden schmerzhafte Veränderungen oder massive Einschränkungen der Kontraktionsfähigkeit festzustellen, aber man kann mit diesen manuellen Techniken weder die Basisaktivität (Ruheaktivität) noch zeitliche oder räumliche Aktivierungsunterschiede (Dysbalancen) der Muskulatur aufzeigen. Dies ist die Domäne der Elektromyographie, die sich zunutze macht, dass die aktive Muskelfaser durch weitergeleitete elektrische Potentiale (Aktionspotentiale) zur Kontraktion gebracht wird, die in ihrer Summe (Interferenzmuster) mit Hilfe von Oberflächenelektroden abgeleitet und nach entsprechender Verstärkung gemessen werden können. Dabei ist die Größe der aufgezeichneten elektrischen Aktivität dem Ausmaß der Kontraktion weitgehend proportional: Je stärker der Muskel kontrahiert, desto größer ist das abgeleitete elektrische Potential.

Es ist klar, dass dieses instrumentelle Hilfsmittel sehr differenzierte Einblicke in den momentanen Funktionszustand des Muskels gestattet. Darüber hinaus ermöglicht diese Untersuchungstechnik auch Einblicke in die Stoffwechselsituation der Muskulatur, weil die elektrischen Signale, mit besonderen Analysemethoden bearbeitet (Fast Fourie Transformation = FFT), Aussagen über den Erschöpfungszustand (Fatigue) der einzelnen Kaumuskeln zulassen. Die Elektromyographie hilft, vor allem in Fällen, bei denen die klinische Untersuchung nur unzureichende Information liefert, mehr über den Funktionszustand der Muskulatur zu erfahren.

Besonders deutlich kann man mit dieser Untersuchungstechnik eine erhöhte Basisaktivität der Muskulatur darstellen, die als charakteristisch für CMD-Patienten gilt. Außerdem kann man mit Hilfe der Elektromyographie sehr gut Störungen im Kontraktionsverhalten der Muskeln aufdecken. So ist bekannt, dass Schmerz verursachende Belastungen der Muskulatur und/oder der Zähne den einzelnen Muskel durch reflektorische Hemmung daran hindern, seine optimale Kontraktionskraft zu entfalten. Werden diese Störquellen durch leichte Lageveränderung der Kiefer oder einen okklusalen Ausgleich etwa mit Hilfe von Watterollen in ihrer Wirkung auf das System abgeschwächt, kommt es oft wieder zu einem normalisierten Kontraktionsmuster. Dies kann man ganz ausgezeichnet mit der klinischen Elektromyographie darstellen, und es trägt dazu bei optimale therapeutische Kieferposition zu entwickeln (siehe Kapitel Zahnärztliche Behandlung S. 73, Aufbissschienen).

Kiefergelenke

Mit verschiedenen Verfahren kann man die Bewegung der Kiefergelenke exakt aufzeichnen. Die ermittelten Daten erlauben Rückschlüsse auf den Funktionszustand des Kausystems. In der Gnathologie nutzt man solche Aufzeichnungen routinemäßig, um Artikulatoren einzustellen. Im Rahmen der Therapie von schmerzhaften CMD haben sie allerdings geringe klinische Relevanz, denn sie spiegeln hier oft nur pathologische Gelenkbewegungen wider, und die Einstellung eines Artikulators mit pathologischen Werten ergibt nur begrenzten Sinn. Man kann aber sehr wohl zuvor gewonnene diagnostische Eindrücke durch eine exakte Analyse der Symmetrie, des jeweiligen Ausmaßes und des Verlaufs von Kieferbewegungen untermauern, denn Veränderungen in den Kiefergelenken wirken sich meist in Veränderungen oder Einschränkungen bestimmter Kieferbewegungen aus.

Es stehen auch zahlreiche bildgebenden Verfahren zur Untersuchung der Kiefergelenke zur Verfügung. Normale Röntgenaufnahmen oder Computertomographien können Knochenveränderungen an Gelenkköpfchen und Gelenkpfanne feststellen und bewerten. Mit anderen Techniken wie der Kernspintomographie kann man auch die Weichgewebe darstellen; hier interessieren insbesondere die Lage und Form der Gelenkscheibe (Discus articularis).

Eine andere interessante Technik, den Schweregrad der Kiefergelenkstörung festzustellen, ist die Gelenksonographie. Hier werden mittels zweier Oberflächenmikrofone über den Gelenken bei Öffnungs- und Schließbewegungen des Unterkiefers die Lautstärke und die Frequenz der Geräusche gemessen. Interessant an dieser Methode ist, dass sie im Gegensatz zu anderen Verfahren absolut noninvasiv (unschädlich) ist.

Man ist heutzutage auch in der Lage, mittels Gelenkendoskopie in das Gelenk hineinzuschauen. Dazu wird eine sehr kleine Faseroptik durch einen Schnitt in das Kiefergelenk eingeführt. Diese Methode kommt allerdings nur für ganz spezielle Behandlungsformen zum Einsatz (Diskusentfernung, Gelenkspülung, Lösen von Verklebungen).

Mundöffnung

Mit Hilfe von Magnetfeldsensoren und einem Dauermagneten, der im Bereich der Unterkieferzähne fixiert wird, kann man das genaue Ausmaß von Unterkieferbewegungen aufzeichnen und graphisch darstellen (Mandibulokinesiographie = MKG). Damit kann man die klinischen Befunde bestätigen, dokumentieren und eventuell verfeinern. Auch ist es möglich, mit einem solchen Gerät (z.B. K6I-System,

Myotronics, Seattle) eine muskelgeführte Unterkieferposition bei der Bisslagenbestimmung für Schienen oder Zahnersatz einzumessen, ohne das Kausystem manuell zu beeinflussen.

Knacken der Kiefergelenke

Knackphänomene: Kavitationen (aufgrund von Inkongruenz der Gelenkflächen ausgelöste vorübergehende Beschleunigung und Wirbelbildung in der Gelenkflüssigkeit, die zu luftleeren Hohlräumen im Inneren der Wirbel führen, die beim Kollabieren laute Geräusche verursachen), ligamentäres Knacken (Geräusch, das beim Verdrängen des Ligamentum laterale durch den lateralen Kondylenpol entsteht), Subluxationsknacken (Geräusch, das der Kondylus beim Überlaufen des Gelenkhöckers verursacht).

RDC (Research Diagnostic Criteria)

Folgende spezifischen Diagnosen müssen vorliegen, damit man von einer CMD sprechen kann:

- Myofaszialer Schmerz
- Myofaszialer Schmerz mit eingeschränkter Kieferöffnung
- Diskusverlagerung mit Reposition
- Diskusverlagerung ohne Reposition mit eingeschränkter Öffnung
- Diskusverlagerung ohne Reposition ohne eingeschränkte Öffnung
- Arthralgie
- Arthritis des Kiefergelenks
- Arthrose des Kiefergelenks

Die diagnostischen Kriterien sollen im folgenden (in abgekürzter Form) nur für die schmerzhaften Formen der CMD dargestellt werden:

1. Myofaszialer Schmerz mit eingeschränkter Kieferöffnung:
   Schmerzen im Bereich von Kiefer, Gesicht, Schläfen oder Ohr bei Ruhe oder Funktion, außerdem Schmerzen nach Palpation von mindestens drei vorgegebenen Muskeltaststellen und eingeschränkte Kieferöffnung.
2. Arthralgie
   Schmerzen in mindestens einem der Kiefergelenke bei Palpation

(Tastbefund), außerdem Schmerzen im Kiefergelenkbereich oder Schmerzen bei maximalem Öffnen oder bei Seitwärtsbewegungen.

3. Arthritis des Kiefergelenks
   Wie Arthralgie, außerdem Gelenkgeräusche oder positiver Röntgenbefund.

Zusätzlich ist in diesem Diagnosesystem zur körperlichen Ebene (Achse I) eine zweite Ebene (Achse II) zur Bewertung der Erkrankung vorgesehen, welche die biopsychosozialen Aspekte der Craniomandibulären Dysfunktion bewertet (Abb. 13 und 14). Dies ist besonders im Rahmen von chronischen Schmerzzuständen eine unerlässliche Erweiterung der Untersuchung, damit man die ganzheitliche Tragweite der Erkrankung aufdecken kann. Die hierbei verwendeten Instrumente (psychometrische Testverfahren) zur Erfassung der psychischen Belastungen sind z. B. GCPS, ADS-L, B-L, PDI-D (Siehe Glossar S. 97).

NERVUS TRIGEMINUS

Störungen in der Funktion des fünften Hirnnervs kann man mit einigen einfachen Tests feststellen. Beeinträchtigung und Seitendifferenzen der sensiblen Wahrnehmung bei Bestreichen der Stirn, Wangen und des Schläfen- bzw. Unterkieferbereiches mit einem Wattebausch geben nicht nur Aufschluss über eine Störung, sondern zeigen auch, welcher der drei Teiläste des Trigeminus (N. ophthalmicus, N. maxillaris, N. mandibularis) betroffen ist. Beeinträchtigungen der Geschmacksempfindung in den vorderen Teilen der Zunge sind ebenfalls ein Hinweis auf eine Störung in diesem Hirnnervenbereich. Motorische Ausfallserscheinungen sind nur durch kompletten Kontraktionsverlust des betroffenen Muskels sicher festzustellen, sofern dieser dem Behandler für einen Tastbefund zugänglich ist. Seitenunterschiede in der Kontraktionsfähigkeit hingegen sind oft Zeichen einer CMD. Sie sind mit hemmenden Reflexen oder aber auch mit einer erworbenen Muskelhypertrophie zu erklären.

Triggerpunkte

Die Entstehung von Triggerpunkten ist auf der Basis einer mikroskopischen Muskelverletzung zu denken, die in der Folge durch lokale Schwellung und Sauerstoffmangel ebenfalls eine lokale Fehlfunktion der "motorischen Endplatte" (hier wird die Erregung vom Nerven auf die Muskelfaser übertragen) auslöst. Diese Fehlregulation soll dann zu überschießender Ausschüttung von Azetylcholin (Überträgerstoff = Neurotransmitter) führen und unterschwellige Entladungen (Endplattenpotentiale) auslösen, die durch eine lokale, nicht weitergeleitete Erregung die Entleerung der lokalen Calciumspeicher bewirkt (Calcium setzt den Kontraktionsprozess in der Muskelfaser in Gang). Ergebnis ist eine begrenzte Kontraktur (nicht von elektrischer Spannung abhängige Dauerkontraktion) der Muskelzelle, die ihrerseits eine Dehnung der übrigen Muskelfaseranteile hervorruft. Erst eine Vielzahl solcher Veränderungen kann man dann als Triggerpunkt und "Taut band" (Muskelhartspann) identifizieren. An den Muskelansatzstellen sollen sich dann langfristig durch den anhaltenden Zug Insertionstendinosen (degenerative Sehnenveränderungen) entwickeln. Die Kontraktionsknötchen komprimieren dann benachbarte Kapillaren und verursachen auf diese Weise eine Verstärkung der Ischämie mit vermehrter Ausschüttung schmerzauslösender Substanzen.

Glossar

Abszess = Eitrige Entzündung.

Achse I = Untersuchungssystem bei einer CMD zur Bewertung der körperlichen Ebene einer Erkrankung.

Achse II = Untersuchungssystem bei einer CMD zur Bewertung der psychosozialen Ebene einer Erkrankung.

Adaptation = Anpassung.

Adaptationsfähigkeit = Anpassungsfähigkeit.

Adjektivlisten = Fragebogen zur Beschreibung der Schmerzqualität.

ADS-L = Allgemeine Depressionsskala

Akupunktur = Beeinflussung von Körperfunktionen durch Nadelung bestimmter Körperpunkte.

Antagonist = Im zahnärztlichen Bereich ist damit der gegenüberliegende Zahn gemeint.

Antidepressivum = Medikament gegen Depressionen.

Antirheumatikum = Medikament gegen rheumatische Beschwerden.

Aqualizer = Vorgefertigter Aufbissbehelf, bestehend aus zwei Wasserkissen, die mit einem dünnen Schlauch verbunden sind und zwischen die Seitenzähne gelegt werden. Bei Belastung stellen sich durch das Hin- und Herfließen des Wassers gleichmäßige Druckverhältnisse im hinteren Backenzahnbereich ein.

Anamnese = Vorgeschichte des Patienten.

Arthralgie = Gelenkschmerz.

Arthritis = Gelenkentzündung.

Arthrogen = Vom Gelenk ausgehend.

Arthrose = Degeneration des Gelenks mit knöchernen Veränderungen.

Aufbissbehelf = Herausnehmbarer Kunststoff- oder Metall-Überzug über den Zähnen zur Behandlung einer Craniomandibulären Dysfunktion.

Aufbissschiene = Herausnehmbarer Kunststoff- oder Metall-Überzug über den Zähne zur Behandlung einer CMD.

Autogenes Training nach Schultz = Entspannungstraining.

Belastungskarenz = Mangel an körperlicher Aktivität.

Bewegungsapparat = Muskeln, Sehnen, Knochengerüst und Gelenke.

Bewegungsmuster = Eintrainierter Bewegungsablauf.

Bilaminäre Zone = Hinterer Gelenkbereich. Empfindliches und stark durchblutetes Bindegewebe, welches die Gelenkscheibe von hinten fixiert. Häufig bei Bisssenkung durch Verlagerung des Gelenkköpfchens komprimiert.

Bionator = Kieferorthopädisches, herausnehmbares Gerät nach Balters, zur ganzheitlichen Behandlung von Zahnfehlstellungen, Kopf- und Körperhaltung sowie einer Craniomandibulären Dysfunktion.

Bisshöhe = Der Abstand zwischen Oberkiefer und Unterkiefer bei geschlossenen Zahnreihen.
Bisslage = Räumliche Orientierung des Unterkiefers zum Oberkiefer.
Bradykinin = Schmerzauslösende Substanz, die bei Entzündung und Gewebszerfall freigesetzt wird.
Bruxismus = Reiben und Knirschen der Zähne aufeinander.
BWS = Brustwirbelsäule.

Chirotherapie = Manuelle Therapie an Gelenken zur Schmerzbehandlung.
Cluster-Gesichts-Kopfschmerz = Einseitige, heftige Kopf- und Gesichtsschmerzen.
CMD = Craniomandibuläre Dysfunktion.
Computertomographie = Schicht-Röntgen-Aufnahme eines Körperteils zur dreidimensionalen Beurteilung der Struktur von Hartgeweben.
Condylus articularis = Gelenkköpfchen, oberer Anteil des aufsteigenden Astes im Unterkiefer, Teil des Kiefergelenks.
Costen-Syndrom = Frühere Bezeichnung für eine Craniomandibuläre Dysfunktion.
Cox2-Hemmer = Schmerzmittel der jüngsten Generation.
Craniomandibular Disorders = Englischer Begriff für Craniomandibuläre Dysfunktion.
Craniomandibuläre Dysfunktion = Alle schmerzhaften und nicht schmerzhaften Beschwerden, die auf strukturelle, funktionelle, biochemische und psychische Fehlregulation der Muskel-, Kiefer- und/oder Kiefergelenkfunktion zurückzuführen sind.
Craniomandibuläre Orthese = Aufbissbehelf, hergestellt nach neuromuskulären Kriterien (siehe Myozentrik).
Cytokine = Entzündungs- und schmerzauslösende Substanzen, die bei Entzündungen und Gewebszerfall freigesetzt werden.

Darmflora = Natürliche Bakterienbesiedlung im Darm.
Dauerschiene = Herausnehmbarer Aufbissbehelf aus Kunststoff oder Metall, zur dauerhaften Veränderung der Kaufläche im Ober- oder Unterkiefer.
Dekompensation = Überforderung der körperlichen oder psychischen Anpassungsfähigkeit des Organismus.
Dentin = Zahnbein, befindet sich zw. Zahnschmelz und Zahnpulpa oder in der Wurzel zwischen Zement und Zahnpulpa.
Differenzialdiagnose = Unterscheidung von Krankheitsbildern, die der vorliegenden Erkrankung ähnlich sind.
Discus articularis = Gelenkscheibe im Kiefergelenk zwischen Gelenkköpfchen und Gelenkpfanne.
Discusverlagerung = Im Kiefergelenk, anomale Verlagerung der Gelenkscheibe gegenüber Gelenkköpfchen und Gelenkpfanne.
Discusverlagerung mit Reposition = Im Kiefergelenk, anomale Verlage-

rung der Gelenkscheibe bei maximalem Zusammenbiss. Diese Verlagerung wird beim Mundöffnen wieder normalisiert, d. h. rückgängig gemacht.

Discusverlagerung ohne Reposition = Im Kiefergelenk, anomale Verlagerung der Gelenkscheibe bei maximalem Zusammenbiss. Diese Verlagerung wird beim Mundöffnen nicht wieder normalisiert, d. h. rückgängig gemacht.

Disponierte Personengruppen = Personen, die zu einer Erkrankung von vornherein neigen oder veranlagt sind.

Dynamisierung = In der Homöopathie Übertragung einer Information von der Ursubstanz (Pflanze, Tier, Mineral) auf eine Trägersubstanz (z. B. Wasser).

Elektroakupunktur nach Voll = Wiederstandsmessung von bestimmten Akupunkturpunkten zur Interpretation der Regulationsfähigkeit des Organismus. Überprüfung durch den Medikamententest von passenden Substanzen, welche die Autoregulation des Körpers fördern können.

Elektromyographie = Messung bioelektrischer Signale der Muskulatur an der Körperoberfläche oder im Muskel selbst.

Elevatoren = Muskeln, die den Mund schließen.

Endorphine = Vom Körper produzierte opiatähnliche Substanzen.

Endplattenpotentiale = An der sogenannten motorischen Endplatte erzeugte lokale elektrische Entladungen.

Fast Fourie Transformation (FFT) = Frequenzanalyse der elektromyographischen Signale zu Ermittlung des Erschöpfungszustandes eines Muskels.

Fatigue = Ermüdungsgrad eines Muskels, diagnostiziert mit der Fast Fourie Transformation.

Fibromyalgie = Eine generalisierte, schmerzhafte Erkrankung mit druckempfindlichen Punkten an definierten Muskelpartien, u.a. begleitet von schlechtem Schlaf und zahlreichen vegetativen Symptomen.

Frontal offener Biss = Kieferfehlstellung mit fehlendem Überbiss im Frontzahnbereich.

Frontalebene = Vorderansicht des Patienten.

Frühkontakt = Vorzeitige Kontaktstellen im Bereich der Verzahnung, die ein störungsfreies Schließen des Unterkiefers verhindern (Syn. Vorkontakt).

GCPS = Graded chronic pain scale. Untersuchungsinstrument um die psychosoziale Beeinträchtigung von Schmerzpatienten zu erfassen.

Gelenkendoskopie = Untersuchung des Kiefergelenks durch optische Darstellung der Gelenkräume mit Hilfe einer dünnen Faseroptik, die durch einen Schnitt in das Gelenk eingeführt wird. Dient u. a. auch der Gelenkspülung und dem Lösen von Verklebungen.

Gelenkflüssigkeit = siehe Synovia.

Gelenkkapsel = Fibröse Bindegewebskapsel, welche das Kiefergelenk umgibt.

Gelenkköpfchen = Oberer Anteil des aufsteigenden Astes im Unterkiefer, beweglicher Teil des Kiefergelenks.

Gelenkpfanne = Fixierter Teil des Kiefergelenks im Schläfenbein.

Gelenkscheibe = Siehe Discus articularis.

Gelenksonographie = Nicht-invasives Untersuchungsverfahren der Kiefergelenke durch Aufzeichnen der Geräusche bei Kieferbewegungen. Die Analyse der Geräusche gibt Aufschluss über Gelenkveränderungen.

Gelenkspalt = Der obere Gelenkspalt liegt zwischen Gelenkpfanne und Gelenkscheibe, der untere zwischen Gelenkköpfchen und Gelenkscheibe. Gefüllt ist er mit Gelenkflüssigkeit, der Synovia.

Gelenkspieltechniken = Untersuchungstechniken zur Beurteilung der Gelenkfunktion, die durch Zug- und Druckmanipulationen mit und ohne Hilfe des Patienten bewerkstelligt werden.

Gicht = Stoffwechselerkrankung (erhöhte Harnkonzentration im Serum), die durch Gelenkschmerzen – häufig beginnend am Großzehengrundgelenk – gekennzeichnet ist.

Gingiva = Zahnfleisch.

Gingivarezession = Lokaler Zahnfleischrückgang, wahrscheinlich bedingt durch Fehlbelastung von Zähnen und/oder Verletzungen durch unsachgemäße Mundpflege.

Gleithindernisse = Störstellen im Mund beim Seitwärts- oder Vorwärtsschieben des Unterkiefers, u. a. verursacht durch Füllungen oder Zahnersatz.

Globusgefühl = Kloßgefühl im Hals.

Gnathologie = Zahnärztliches Spezialgebiet, das sich vor allem mit dem biomechanischen Zusammenspiel von Zähnen und Kiefergelenken beschäftigt.

Homöopathie = Behandlung von Erkrankungen durch verdünnte und verschüttelte (dynamisierte) Essenzen von Pflanzen, Tieren oder Mineralien.

HWS = Halswirbelsäule.

HWS-Lordose = Normale Halswirbelsäulenkrümmung in der Seitenansicht.

Hyperlordose = Übertriebene Krümmung der Wirbelsäule in der Seitenansicht.

Hypertrophie = Vergrößerung der Muskulatur.

Hypervigilanz = Gesteigerte Wahrnehmungsfähigkeit äußerer Reize.

Ibuprofen = Schmerzstillendes und entzündungshemmendes Mittel zur

Behandlung insbesondere von Gelenkentzündungen und rheumatischen Beschwerden.

Infraktion = Riss im Zahn durch Überlastung der Zahnkrone, meist entstanden beim Reiben oder Knirschen der Zähne und häufig verbunden mit unklarer Schmerzsymptomatik.

Insertionstendinosen = Degenerative Sehnenveränderungen durch unphysiologische Zugkräfte.

Instrumentelle Diagnostik = Untersuchung des Patienten mit Geräten.

Interdisziplinär = Zusammenarbeit verschiedener Fachdisziplinen.

Ischämie = Blutleere, z. B. bei Kompression von Blutgefäßen durch verspannte Muskelpartien.

Karies = Entkalkung und Auflösung von Zahnschmelz und Dentin, verursacht durch Mikroorganismen und saures Milieu.

Kava-Kava = Rauschpfeffer, pflanzliches Schmerzmittel.

Kavitationen = Aufgrund von schlechter Passung der Gelenkflächen ausgelöste vorübergehende Beschleunigung und Wirbelbildung in der Gelenkflüssigkeit, die zu luftleeren Hohlräumen im Inneren der Wirbel führen, die beim Kollabieren laute Geräusche verursachen.

Keilförmiger Defekt = Auswaschung am Zahnhals, die durch Biegespannung am Zahn bei Fehlbelastung entstehen kann und bei unsachgemäßer Zahnpflege noch verstärkt wird.

Kernspintomographie = Strahlungsfreies Diagnoseverfahren mittels Magnetresonanz zur Darstellung von Hart- und Weichgeweben eines Körperteils, hier besonders der Gelenkscheibe und der Muskulatur (i. E. MRI).

Kettenmyosen = Muskelverspannungen, die sich im Sinne einer Kettenreaktion im Körper nach unten oder nach oben fortpflanzen können.

Kiefergelenkserkrankung = Synonym für eine Craniomandibuläre Dysfunktion.

Kiefergelenksgeräusche = Knacken, Knirschen oder Reiben im Kiefergelenk bei Bewegungen.

Kiefergelenks-Schmerz-Dysfunktionssyndrom = Synonym für eine Craniomandibuläre Dysfunktion.

Kieferklemme = Einschränkung der Mundöffnung oder der Kieferbewegungen durch muskuläre oder gelenkbedingte Probleme.

Kieferkompression = Kieferfehlstellung, bei der die Breitenentwicklung der Kiefer nur ungenügend stattfindet.

Kieferorthopädie = Zahnärztliche Fachdisziplin zu Behandlung von Zahn- und Kieferfehlstellungen.

Kinesiologie = Diagnoseverfahren, bei dem die Muskulatur als Testmedium verwendet wird, um strukturelle, chemische, psychische oder energetische Belastungen herauszufinden.

Klinische Diagnostik = Untersuchung des Patienten ohne Hinzuziehung von Geräten.
Komplementäre Heilverfahren = Ergänzung zur modernen Schulmedizin (Syn. alternative Medizin)
Kraniosakrales System = Hirnhäute und ihre verbundene Umgebung sowie Hirn- und Rückenmarkswasser bilden die wesentlichen Bestandteile des Systems, das durch einen fühlbaren harmonischen Bewegungsrhythmus, den kraniosakralen Rhythmus, gekennzeichnet ist.
Kraniosakraltherapie = Behandlung des kraniosakralen Systems durch feinfühlige Manipulationen am gesamten Körper zur Erkennung und Behandlung von Störungen traumatischer oder psychischer Natur.
Kreuzbiss = Umgekehrtes Ineinandergreifen von oberen und unteren Zahnreihen.

Langzeitschiene = Längerfristig zu tragender Aufbissbehelf aus Kunststoff zur Therapie einer Craniomandibulären Dysfunktion.
Leitungsanästhesie = Betäubung durch Blockade eines Einzelnervs, z. B. Anästhesie des dritten Trigeminusastes zur Betäubung einer Unterkieferhälfte.
Ligamentäres Knacken = Geräusch, das beim Verdrängen des Ligamentum laterale durch den lateralen Kondylenpol entsteht.
LWS = Lendenwirbelsäule.

Magnetfeldsensoren = An einem Kopfgestell befestigte Sensoren, die es ermöglichen, die Bewegungen eines am Unterkiefer befestigten Magneten aufzuzeichnen.
Maximale Verzahnung = Die Position, bei der die Zähne des Unterkiefers und des Oberkiefers maximalen Kontakt haben.
Meditation = Vorgang, der durch entsprechende Übungen eine Bewusstseinlage erreicht, bei der eine hervorragende muskuläre Entspannung erzielt werden kann.
Migräne = Anfallsweise häufig halbseitiger, sehr heftiger Kopfschmerz mit Übelkeit, Erbrechen, Augenflimmern u. a.
Mimik = Gesichtsausdruck.
Morbus Menière = Schwindelerkrankung mit einseitigen Ohrgeräuschen und einseitiger Schwerhörigkeit.
Muskeltonus = Muskelgrundspannung.
Muskuloskelettale Dysfunktion = Störung im Zusammenspiel zw. Muskulatur und Knochengerüst.
Myoarthropathie (MAP) = Synonym für Craniomandibuläre Dysfunktion.
Myofaszialer Schmerz = Ein regionaler Schmerz, ausstrahlend von einem aktiven myofaszialen Triggerpunkt.
Myofasziales Schmerzsyndrom = Synonym für Craniomandibuläre Dysfunktion.
Myozentrik = Muskelgeführte, zentra-

le Lage des Unterkiefers nach neuromuskulären Kriterien (Jankelson), zur Neupositionierung des Unterkiefers mittels einer Aufbissschiene oder Zahnersatz.

Myozeptor = Elastischer Aufbissbehelf (R. Schöttl), der für eine erste, schnelle Therapie einsetzbar und leicht umzufunktionieren ist.

Nervus mandibularis = Dritter Trigeminusast, zuständig für die sensible Innervation u. a. von Unterkiefer, Zähnen, Zunge und Mundöffnern.

Nervus maxillaris = Zweiter Trigeminusast zuständig für die sensible Innervation u. a. des Gesichts, der Nase und des Oberkiefers, gut palpierbar am Austrittspunkt unter dem Auge.

Nervus ophthalmicus = Erster oberer Ast des Nervus trigeminus zuständig für die sensible Innervation u. a. des Auges, gut palpierbar am Austrittspunkt auf den Augenbrauen.

Nervus trigeminus = Fünfter Kranialnerv, verantwortlich für die sensible Innervation von einem Großteil des Mundes und des Gesichts. Die motorischen Anteile aktivieren die wesentlichen Kaumuskeln sowie einen Teil der Mundöffner, des Gaumensegels und des Mittelohres.

Neuroplastizität = Veränderung von Nervenzellen, die zu einer verstärkten Schmerzleitung führen kann.

Neurotransmitter = Überträgerstoff, mit dem der neuronale Stimulus auf die Zelle, z. B. eine Muskelzelle, übertragen wird.

Okklusion = Kontakt zwischen Zähnen des Ober- und Unterkiefers.

Orofacial Pain = Synonym für Craniomandibuläre Dysfunktion.

Oromandibuläre Dysfunktion = Synonym für Craniomandibuläre Dysfunktion.

Orthese = Orthopädisches Gerät zur Neuausrichtung der Bisslage.

Orthopädie = Lehre von der Entstehung und Behandlung von Fehlern des menschlichen Stütz- und Bewegungsapparates (Knochen, Gelenke, Muskeln).

Os temporale = Schläfenbein, Schädelknochen an der Seite des Kopfes, Sitz des Ohres und der Gelenkpfanne, dem oberen Anteil des Kiefergelenks.

Osteopathie = Therapieform, die sich mit der Behandlung von Bändern, Gelenken und Muskeln beschäftigt und durch Manipulationen dieser Strukturen das natürliche Selbstheilungspotential anregen möchte.

Palpation = Tastende Befunderhebung an Körpergeweben, z. B. das Palpieren von Verhärtungen und druckschmerzhaften Punkten in der Muskulatur mit Fingern oder Händen.

Paradigma = Beispiel, Musterbeispiel in der Medizin, aktuelle anerkannte Lehre.

Parafunktion = Eine nicht von der Natur vorgesehene Tätigkeit der Kaumuskulatur, z. B. Knirschen, Pressen, Nägelbeißen oder Kauen auf den Wangeninnenseiten.

Parodontitis = Zahnbetterkrankung, bei der eine chronische Entzündung des Zahnhalteapparates zu Taschenbildung, Zahnlockerung und Zahnverlust führen kann.

Parodontium = Zahnhalteapparat, bestehend aus Zahnzement, Wurzelhaut und Kieferknochen.

PDI-D = Pain Disability Index. Untersuchungsinstrument (Fragebogen) zur Erfassung psychosozialer Aspekte.

Perforation = Durchlöcherung der Gelenkscheibe durch übermäßige Belastung.

Pflanzenheilkunde = Behandlung von Erkrankungen durch pflanzliche Essenzen (Phytotherapie).

Physiotherapie = Sammelbegriff für die Behandlung mit natürlichen physikalischen Mitteln (Wasser, Licht, Wärme etc.), statisch mechanischen und dynamischen Kräften (Massage, Krankengymnastik), Heilquellen und Elektrizität.

Phytotherapie = Siehe Pflanzenheilkunde.

Plastizität = Die Fähigkeit, sich an eine veränderte Situation anzupassen.

Plausibilität = Verständlicher, einleuchtender Sachverhalt.

Polyarthritis = Erkrankung mit schmerzhafter Entzündung an vielen Gelenken.

Polymer = Kunststoff.

Potenzierung = In diesem Zusammenhang Verdünnung und Verschüttelung von Essenzen aus Pflanzen, Tieren oder Mineralien zur Informationsübertragung (siehe Homöopathie).

PMMA = Polymethylmetacrylat. Spezieller Kunststoff.

Primaten = Herrentiere, Ordnung der Säugetiere mit der Unterordnung Affen u. Halbaffen; schließen im zoologischen System neben den tierischen Primaten auch den Menschen ein.

Prognose = Voraussichtlicher Verlauf einer Erkrankung.

Progressive Muskelrelaxation nach Jacobson = Entspannungstechnik, bei der jedes Körperteil einzeln bewusst entspannt wird, bis der gesamte Organismus entspannt.

Prophylaxe = Krankeitsvorsorge.

Propriozeptoren = Empfindungszellen, die in den Zähnen, im Zahnhalteapparat, in den Schleimhäuten, den Kiefergelenken und vor allen Dingen in der Muskulatur liegen.

Prostaglandine = Entzündungs- und schmerzauslösende Substanzen, die bei Entzündung und Gewebszerfall freigesetzt werden.

Psychosomatische Wechselwirkung = Einfluss von der Psyche auf den Körper.

Reaktive Depression = Eine ausgeprägte Schwermütigkeit, die aufgrund von körperlichen oder psychischen Stresssituationen auftreten kann.

Reizstromtherapie = Siehe T.E.N.S.-Therapie.
Rhinitis = Nasenschleimhautentzündung.

Sagittalebene = Seitenansicht.
Saroten® = Trizyklisches Antidepressivum mit schmerzlindernder Wirkung.
Schädelatmung = Rhythmische Eigenbewegung der Schädelknochen 6-12mal in der Minute, bedingt durch den kraniosakralen Rhythmus.
Schlafapnoe = Nächtliche Atemaussetzer, u. a. ausgelöst durch Verlegung der Atemwege in der Nacht, bedingt durch Zurückfallen von Unterkiefer und Zunge in den hinteren Rachenraum.
Schläfenbein = Schädelknochen an der Seite des Kopfes, Sitz des Ohres und der Gelenkpfanne, dem oberen Anteil des Kiefergelenks.
Schläfenkopfschmerz = Kopfschmerz, der sehr häufig durch Verspannung des Schläfenmuskels beim Pressen oder Knirschen verursacht werden kann.
Schläfenmuskel = Kaumuskel, der beidseitig den Unterkiefer hebt und bei Überlastung häufig Spannungskopfschmerz verursachen kann (Musculus temporalis).
Schleudertrauma = Verletzungen von Hart- und Weichgeweben, die durch eine abrupte Beschleunigung und/oder Verzögerung vor allem der Halswirbelsäule bei einem Autounfall o. ä. verursacht werden können.
Schmerztherapeut = Ärztlicher Behandler, der sich auf die Therapie von chronischen Schmerzen spezialisiert hat (Anästhesist, Neurologe, Chirurg, Akupunkteur u. ä.).
Skoliose = Rückgratverkrümmung in der Frontalansicht.
Somatoforme Störung = Körperlich wahrnehmbare Störung ohne gesicherte körperliche Ursache.
Somatopsychische Wechselwirkung = Einfluss von körperlichen Erkrankungen auf die Psyche.
Spannungskopfschmerz = Kopfschmerzen, die durch Verspannung der Kopfmuskulatur ausgelöst werden können.
Stimulus = Reiz.
Stress = Zustand des Organismus, der durch eine Reihe unspezifischer Faktoren wie Ärger, Freude, Erkrankungen, Leistungsdruck etc. ausgelöst werden kann und durch eine Kaskade von vegetativen und hormonellen Reaktionen gekennzeichnet ist. Bei schlechter Bewältigung von Stressfaktoren können allgemeine Erkrankungen entstehen.
Subluxationsknacken = Geräusch, das der Kondylus beim Überlaufen des Gelenkhöckers verursacht.
Symptombogen = Eine Auflistung von Fragen zum allgemeinen Beschwerdebild des Patienten, speziell auf ein bestimmtes Krankheitsbild ausgerichtet.
Synovia = Gelenkflüssigkeit im obe-

rem und unterem Gelenkspalt eines Gelenks.
Synovialmembran = Dünnes Epithel, welches den oberen und unteren Gelenkspalt auskleidet und für den Stoffwechsel im Gelenk verantwortlich ist.
Systemische Erkrankung = Allgemeinerkrankung.

Tastbefund = Ergebnis einer Untersuchung z. B. der Muskulatur mit den Fingern.
Taut-Band = Schmerzhafter Muskelhartspann um einen Triggerpunkt.
Temporomandibular Disorders (TMD) = Englischer Begriff für Craniomandibuläre Dysfunktion.
T.E.N.S.-Therapie = Reizstrombehandlung mit niederfrequenten Stromimpulsen (Transkutane Elektro-Neuro-Stimulation).
Thorax = Brustkorb.
Tinnitus = Ohrgeräusche, die in einigen Fällen durch anhaltende Tonuserhöhung der gelenknahen Muskeln und/oder eine Komprimierung des hinteren Gelenkspaltes ausgelöst werden können.
TMJ-Disorders = Englischer Begriff für Craniomandibuläre Dysfunktion.
Transient = Vorübergehend.
Trauma = Körperliche und/oder psychische Gewalteinwirkung.
Trigeminusneuralgie = Sehr schmerzhafte Erkrankung des Nervus trigeminus im Gesicht mit einseitigen, blitzartig einschießenden Schmerzen in Augen, Nase oder Zähne.
Triggerpunkt= Druckschmerzhafte Veränderungen in Muskulatur oder Muskelansätzen, die Schmerzen in anderen Regionen auslösen können.
Trizyklisches Antidepressivum = Medikament zur Bekämpfung einer Depression.
Tuben = Ohrtrompeten, die eine Verbindung zw. Mittelohr und Rachenraum zum Druckausgleich herstellen.

Unphysiologisch = Unnatürlicher Ablauf im Organismus.

Yoga = In Indien entwickelte Meditationssystem zur Veränderung des Bewusstseins, das durch Körperbeherrschung zu einer weitreichenden Entspannung führen kann.

Zahnabrasion = Abrieb auf den Zähnen, bedingt durch unnatürliches Reiben der Zähne aufeinander, aber auch bei starker Körnung der Zahnpasta oder säurehaltigen Flüssigkeiten.
Zähneknirschen = Unnatürliche Reibebewegung der Zähne aufeinander.
Zähnepressen = Aufeinanderbeißen der Zähne, ohne dabei eine Bewegung auszuüben. Findet tagsüber oder nachts statt, ohne dass der Patient sich dessen bewusst ist.
Zahnhalteapparat = Parodontium oder die Gewebe, die den Zahn in seiner Lage halten.
Zahnpulpa = Gewebe, das sich im Zahn befindet, "Zahnnerv".

Register